$$v_t^2 - v_0^2 = 2gh$$

$$W=Fs$$

$$h=\frac{gt^2}{2}$$

$$\frac{Gm_1m_2}{r^2}=F$$

$$W=Fs\cos\alpha$$

$$v_t^2 - v_0^2 = 2gh$$

$$W=Fs\cos\alpha$$

$$h=\frac{gt^2}{2}$$

$$\frac{Gm_1m_2}{r^2}=F$$

$$v_t^2 - v_0^2 = 2gh$$

$$W = F s \cos \alpha$$

$$h = \frac{gt^2}{2}$$

$$\frac{Gm_1m_2}{r^2} = F$$

$$W = F s \cos \alpha$$

$$v_t^2 - v_0^2 = 2gh$$

$$W = F s \cos \alpha$$

$$h = \frac{gt^2}{2}$$

$$\frac{Gm_1m_2}{r^2} = F$$

少年知道

趣味物理实验

〔苏〕雅科夫·伊西达洛维奇·别莱利曼 著

王鑫淼 译

中国致公出版社

少年知道

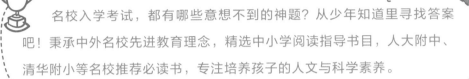

全世界都是你的课堂

名校无忧，精英教育通关宝典。

名校入学考试，都有哪些意想不到的神题？从少年知道里寻找答案吧！秉承中外名校先进教育理念，精选中小学阅读指导书目，人大附中、清华附小等名校推荐必读书，专注培养孩子的人文与科学素养。

自带学霸笔记，让学习更有效率。

为什么读同一本书，学霸从书中学的更多？少年知道帮你总结学霸笔记！每本总结十个青少年必知必会的深度问题，可参与线上互动问答，内容复杂的图书更有独家思维导图详解。

拒绝枯燥，每本书都是一场有趣的知识旅行。

全明星画师匠心手绘插图，从微观粒子到浩瀚星空，从生命起源到社会运转，寻幽探隐，上天入地，让全世界都成为你的课堂。

这些有趣的知识，你知道吗？

本书为了激发孩子的阅读兴趣，享受阅读，特别提供了以下资源服务：

微信扫码，趣味学知识

★ **本书音频** 少年爱问互动问答，帮你巩固所学。

★ **阅读打卡** 每天阅读打卡，辅助培养阅读好习惯。

★ **专属社群** 入群与同学们分享你的读书心得感悟。

★ **线上博物馆** 你想去世界顶级博物馆里一探究竟吗？

★ **趣味实验室** 你知道这些实验背后的原理吗？

★ **科学家故事** 你认识那些改变世界的科学家吗？

少年爱问

趣味物理实验

1. 你能用几种不同的材料来制作陀螺吗？

2. 头骨是如何传播声音的？

3. 你有让鸡蛋听指挥的办法吗？

4. 竹篮打水可以实现吗？

5. 如何用玻璃瓶来进行演奏？

6. 是什么让轻飘飘的报纸提不起来？

7. 在行进的火车车厢里往上跳，你会落在哪里？

8. 气球从手上松开后，可以飞多高呢？

9. 为什么水壶里的水即将沸腾时，水壶会"唱歌"？

10. 贝壳里真的有大海的声音吗？

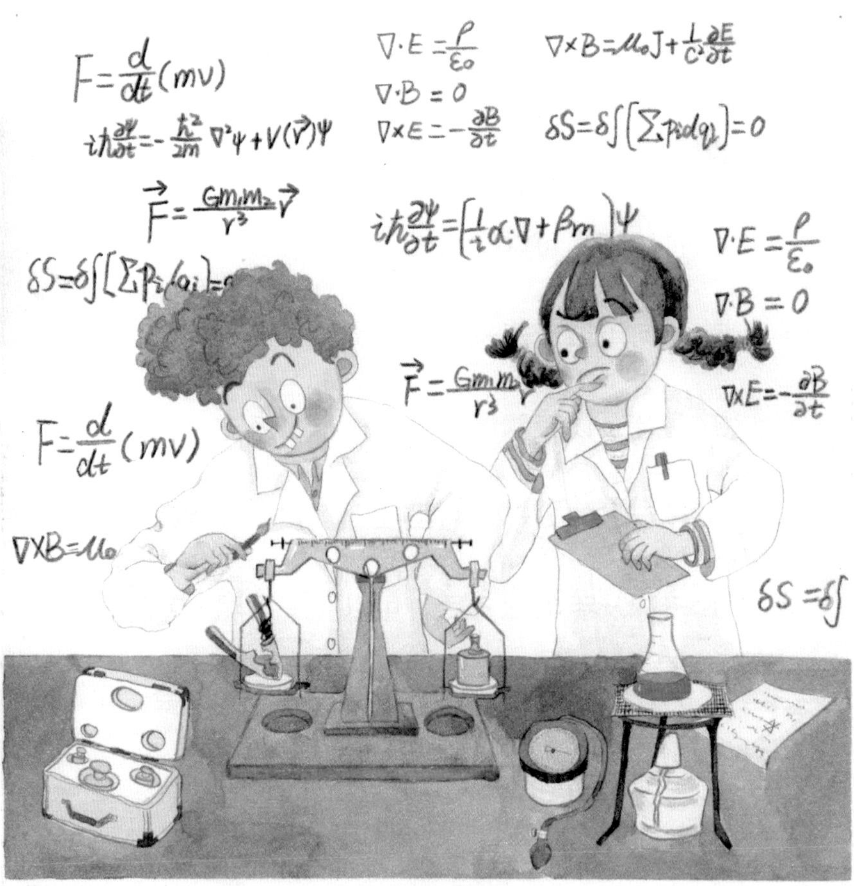

F=d/dt(mv)
∇·E=ρ/ε0
∇·B=0
∇×E=-∂B/∂t
δS=δ∫[∑pidqi]=0
∇·E=ρ/ε0
∇·B=0
∇×E=-∂B/∂t
F=d/dt(mv)

引言

　　"物理"是研究物质最一般的运动规律和物质基本结构的学科，它的研究大至宇宙，小至基本粒子等一切物质，因此成为其他自然科学学科的研究基础。而物理本身是一门以实验为基础的科学，所以了解实验、会做实验是学习物理的关键所在。

　　《趣味物理实验》是苏联著名科普作家别莱利曼"趣味科学"系列作品之一。雅科夫·伊西达洛维奇·别莱利曼，他一生致力于教学和科学写作，完成了105本著作，大部分是趣味科学读物。他的文风优美而妙趣横生，擅长用简洁而准确的语言来叙述原理并加以启迪，"趣味科学"系列被译为十几种语言，全世界图书销量超2 000万，堪称科普读本的畅销奇迹。

　　你一定听说过伽利略在比萨斜塔上扔下一轻一重两个物体的自由落体实验，你也可能知道牛顿用三棱镜分解太阳光的实验，这些都是非常经典的物理实验。那你知道怎样在不打破鸡蛋的基础上竖起它吗？你能用一张报纸来控制水流的方向吗？你真的明白走路和跑步的区别吗？……本书介绍的就是这类生活中简易又有趣的实验。从"第一章 生活中的趣味物理实验""第二章 用报纸做的小实验"再到"第三章 其他常见的物理问题"，形形色色的物理问题、妙趣横生的实验、出人意料的对比，别莱利曼用极具趣味的语言传授着生活常见现象中常常被人们所忽略的物理知识，让青少年读者可以在自然的理解中培养对科学的兴趣和探索的精神。

阅读完本书后，希望你也可以从习以为常的生活现象中善于发现，将生活中的物理知识同他人娓娓道来。正如别莱利曼所说："我所努力希望做到的，不是要'教会'读者多少新知识，而是要帮助读者'认识他所知道的事物'。"

contents

目 录

第一章 生活中的趣味物理实验

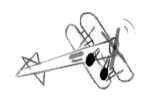

第二章　用报纸做的小实验

第三章　其他常见的物理问题

$$v_t^2 - v_0^2 = 2gh$$

$$W = Fs\cos\alpha$$

$$h = \frac{gt^2}{2}$$

$$\frac{Gm_1m_2}{r^2} = F$$

$$W = Fs\cos\alpha$$

$$v_t^2 - v_0^2 = 2gh$$

$$h = \frac{gt^2}{2}$$

$$W = Fs\cos\alpha$$

$$\frac{Gm_1m_2}{r^2} = F$$

$v_t^2 - v_0^2 = 2gh$

$W = Fscos\,\alpha$

$h = \dfrac{gt^2}{2}$

$\dfrac{Gm_1m_2}{r^2} = F$

◇ 第一章 ◇

$W = Fscos\,\alpha$

生活中的趣味物理实验

比哥伦布还要棒

"克里斯托弗·哥伦布真是一名伟人",一名小学生在课堂作文中写道:"他既发现了美洲大陆,又能竖起鸡蛋。"对于年幼的小学生来说,这两项功绩都让人惊叹。但是,美国幽默作家马克·吐温却认为哥伦布发现美洲大陆一点也不稀奇,他说:"如果他没发现它,那才稀奇呢。"

而我斗胆认为,这位伟大航海家的第二项功勋倒是值得商榷一下。你们知道,哥伦布是怎样竖起鸡蛋的吗?把鸡蛋底部的壳敲碎,然后把它直接放到桌子上就可以了。此时,他自然是改变了鸡蛋的形状。那要怎样才能做到既把鸡蛋竖起来,又不改变它的形状呢?哥伦布始终没能回答这个问题。

其实这与发现美洲大陆相比是再简单不过了,甚至都不如发现一个弹丸小岛。我给你们讲三种方法:第一种适用于煮熟的鸡蛋,第二种适用于生鸡蛋,而第三种方法是两种鸡蛋都可以。

要竖起煮熟的鸡蛋,只需用一只手的手指或两只手合掌让它像陀螺一样竖立转动起来:只要鸡蛋在转,它就能保持竖立的姿势。在试过两三次后,实验很容易就能成功。

但是,用这种方法不能竖起生鸡蛋。也许你们已经发现了,很难让生鸡蛋转动起来,而且这也是在不敲碎蛋壳的情况下让熟鸡蛋和生鸡蛋竖起来的两种方法的区别。生鸡蛋内的液体不能与蛋壳一起以相同的速度旋转,所以就会像刹车一样阻止蛋壳旋转,这就需要寻找另一种能让鸡蛋竖起来的方法,而这种方法是有的。你们需要用力摇晃鸡蛋几次:此时蛋黄会撕碎自己的裹膜并散布在鸡蛋里。然后让鸡蛋钝的一头向下竖起并保持一段时间，这样比蛋清更重一些的蛋黄就会流向鸡蛋底部并在那里积聚。由此鸡蛋重心的位置会降低，鸡蛋的稳定性也比这一番操作之前更强。

最后是第三种让鸡蛋竖起来的方法。如图1所示，把鸡蛋放到被塞住的瓶口上，然后在它上面搭一块插着两把叉子的软木。（按照物理学家的说法）这个"系统"相当稳定，甚至在小心地倾斜瓶身的时候它也能保持平衡。那么为什么软木和鸡蛋不会掉呢？科学家可能跟你们解释的是："系统重心的位置比支点低。"这就意味着"系统"施加重量的那个点的位置比支撑它的那个点的位置低。如图2所示，将折叠小刀插入铅笔，然后将铅笔竖直放到手指上，铅笔不会掉的原因也是一样。

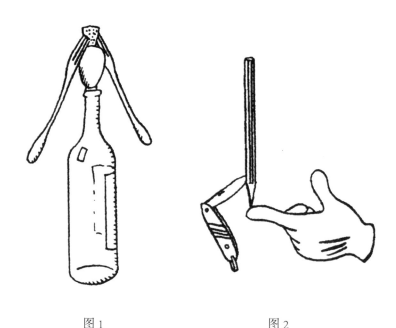

图1   图2

离心力

把伞打开，伞尖顶住地板，转动它并往伞里扔小球、纸团、手绢或是任何轻的柔韧的东西，然后就会发生一些你们意想不到的事情。伞好像并不愿意收下送给它的"礼物"：球或是纸团会向上"爬"到伞的边缘，然后沿直线飞出去。

在这个实验中将球抛出去的力通常被称为"离心力"，虽然更准确地说它应该被称为"惯性"。每次物体做圆周运动的时候都能发现它的存在。这正是惯性的一种表现形式——运动的物体会保持运动的方向和速度。

离心力要比我们想象的更为常见。如图 3 所示，当你们把石块用绳子系上绕手转动，就会感觉到此时在离心力的作用下，绳子会绷紧并有断裂的危险。古代有种叫飞石索的武器利用的就是这种力。当石块旋转得过快或是不够牢固时，离心力就会使它炸裂。如果你们够灵敏，还能借助离心力来表演魔术，即使将杯子倒立，水也不会流出去：为此只需快速将杯子扬过头顶并画圆。如图 4 所示，离心力能帮助马戏团里的自行车车手"画"出令人头晕目眩的"魔环"。所谓的乳油分离器就是利用它将奶油从牛奶中分离出来；离心机也是利用它从蜂房中提取蜂蜜；同时离心甩干机也是利用它将水甩出去从而甩干衣物。

图 3

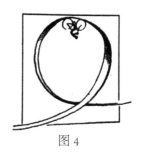

图 4

当电车车厢"画"出一道弧形，从一条街道转到另一条街道的时候，乘客就能直接在自己身上感受到离心力，它会使他们向车厢外壁的方向挤。当速度足够快时，整个车厢都有可能被离心力掀翻，除非外侧的车轨铺设得比内侧高，这样车厢在转弯时会稍微向内倾斜。这听起来很奇怪：倾斜的车厢竟然要比直立的车厢更稳！

但事实的确如此。我们可以通过一个小实验来弄明白为什么会这样。将纸板卷成漏斗形，如果家里能找到带斜边的盘子更好。电灯上用的锥形玻璃或白铁皮罩就特别合适。取出上述物体中的一个，将硬币或是小的金属圆环扔进去，它们就会沿着内壁做圆周运动，同时明显向内倾斜。随着硬币或是圆环的运动速度变慢，它们做圆周运动的幅度也会越来越小，并不断靠近容器中央。但只需稍微转动一下容器，就能让硬币再次滚动起来，此时它会离重心越来越远，做圆周运动的幅度也越来越大。如果它滚动的速度特别猛的话，甚至有可能会冲出容器。

在自行车比赛中，赛车场设置有特殊的环形赛道，你们可以发现，这些赛道，特别是在急转弯处，会明显向中心倾斜。自行车以极其倾斜的姿势沿着赛道转圈，就像实验容器里的硬币一样，但它并不会倾倒，相反正是这样的姿势会让它特别的稳。在马戏团中，自行车车手因能在非常倾斜的木板上骑车绕圈而让观众惊呼连连，现在你们就会明白，其实这并没有什么特别的。相反，对自行车车手来说，更难的是沿着光滑、水平的道路绕骑。因为同样的原因，骑手在骑马转急弯时也会向内倾斜。

以小见大。我们所生活的地球也是一个旋转的物体，离心力在它上面也应有所体现。那它是以一种什么样的形式体现出来的呢？由于地球的旋转，位于其表面的所有物体都变得更轻。物体越靠近赤道，在24小时内所做圆周运动的幅度就越大，这就意味着它旋转的速度更快，从而失重也更多。如果将一个1千克的砝码从极点带到赤道并在那里再次用弹簧秤对其进行称重，就会发现质量会轻5克。差别当然不大，但随着物体质量的增加，这个质量差也会越来越大。从阿尔汉格尔斯克驶往敖德萨的蒸汽机车会变轻60千克，这相当于一个成人的体重。而一艘2万吨重的战列舰从白海驶向黑海时质量会减少80吨，这正好是一列蒸汽机车的重量！

为什么会这样呢？这是因为地球在旋转的时候会试图将其表面上一切物体抛出去，就像我们的实验中伞会将扔进来的球抛出去一样。它本可以将它们抛出去，但是地球对所有物体具有引力使其未能发生。我们称这个引力为"重力"。虽然旋转不能将物体从地球上抛出去，却能够减轻它们的重量。这就是物体因地球旋转而变轻的原因。

旋转的速度越快，重量减少就越明显。科学家们曾计算过，如果地球旋转的速度比现在快16倍，那么赤道上物体的重量会完全消失：它们会失重。而如果旋转的速度更快，比如1小时就能转一圈，那么不仅赤道上的物体会失重，赤道附近所有国家和海洋里的生物的重量都会消失。

你们只需想一想，物体失重意味着什么？这意味着，没有物体是你们不能举起的：蒸汽机车、大石块、巨炮、搭载武器装备的军舰，都能像羽毛一样被轻松举起。而如果你们想把它们扔下，也不用担心：它们不会压到任何人。这是因为它们根本不会落下：因为它们都失重了！它们从你们手上脱落，然后就会飘浮在那里。如果你们坐在热气球的吊篮里，不小心将自己的物品碰落到吊篮外面，它们不会落下去，而会飘浮在空中。这将是一个神奇的世界！你们可以跳到连做梦都想不到的高度：比最高的大楼和高山更高。只是不要忘了：跳起来很容易，落回去就不可能了。由于失去了重量，你们自己也不会落到地面。

在这样的世界会有诸多不便。你们可以设想一下：所有物体，无论大小，如果没有进行固定的话，只要有一点微风就会被吹起。人、动物、汽车、轮船——所有一切都会混乱地在空中乱窜，相互碰撞并给对方造成损伤。

如果地球旋转的速度显著变快，这一切就会发生。

10 种陀螺

在下图中你们可以看到 10 种用不同方法制作的陀螺,利用它们可以完成一系列有趣义有益的实验。制作这些陀螺不需要特别的技巧:你们可以自己制作,不需要别人的帮助,也不用花钱。

我们来看看,这些陀螺是如何制作的。

图 5

1. 如图 5 所示,如果你们手上有一颗像图上那样带有 5 个小孔的骨质纽扣,那么用它来制作陀螺就再容易不过了。只需将削尖头的火柴紧紧插进纽扣中间的孔里,这样陀螺就做成了。它不仅能在尖的一头旋转,还能在钝的一头旋转:为此只需像平常那样用手指捏住它中间的火柴棍让它转动起来,然后迅速将陀螺用钝的一头立住,它会旋转并有趣地左摇右晃。

2. 没有带孔的纽扣也行,软木塞总是很容易找到的。将它削成一个小圆,然后将火柴从中穿过去,这样 2 号陀螺就做成了,如图 6 所示。

3. 更好的办法是找一个又平又大的软木塞(芥末瓶或类似容器上用的那种)。将铁丝或编织针烧红从软木塞中间穿过去,然后在孔里插上火柴。这样的陀螺转得又久又稳。

4. 如图 7 所示,你们可以看到一个非常特殊的陀螺——核桃,它能用尖的一头立住旋转。为了将合适的核桃做成陀螺，只需将火柴从它钝的那一头插进去，然后转动它就可以了。

图 6

图 7

5. 图 8 所示的是一个很特别的陀螺：一个装药片的小圆盒，中间用削尖的火柴穿过去。为了让小圆盒稳稳地固定在火柴上而不会顺着它滑下去，需要往孔里注入火漆。

6. 接下来，你们将看到一个非常有趣的陀螺，如图 9 所示。在用硬纸板做成的小圆片的边缘用细绳系上女士靴子上用的那种圆纽扣，当陀螺旋转的时候，纽扣会顺着小圆片的切线飞出去并让细绳绷紧，这样就能直观地观察我们已经很熟悉的离心力的作用。

图 8

图 9

7. 图 10 所示的是上面这种陀螺的另一种样式。在用软木塞做成的小圆片周围插上大头针，上面串上颜色各异的小球，小球能够沿大头针自由滑动。

当陀螺转动时，小球受离心力影响会被甩向大头针的头部。如果给旋转的陀螺打上光，圆片四周插上的大头针会形成一条密实的银色光带，而小球则会在四周形成彩色的花边。要想更久地欣赏陀螺转动的景象，可以让它在光滑的盘子上转动。

8. 彩色陀螺，如图 11 所示。制作这种陀螺很麻烦，但在看到它的特别之处后，你们就会明白一切辛苦都是值得的。

图 10   图 11

　　剪下圆形药盒的底部，将废弃的笔杆一头削尖然后从圆底中间转过去，
再切下两片圆的软木塞，分别放在圆纸片的上面和下面，压紧它们，让陀螺更
牢固。现在像分蛋糕一样将硬纸板做的圆片进行等分，得到的各部分在数学上
被称为"扇面"，然后给各扇面交替涂上黄色和蓝色。当陀螺转动起来后，你
们会看到什么呢？你们会发现圆片不是蓝色也不是黄色，而会变成绿色。将蓝
色和黄色进行混合，就会形成一种新的颜色——绿色。

　　接下来你们可以继续进行颜色混合实验。准备一个圆片，给各扇面交替
涂上天蓝色和橙色。这一次圆片在转动时就已经不是黄色，而是白色（更准确
地说是明灰色，明度越高，就说明所使用的颜料越纯）。在物理学中，如果两
种颜色混合后形成白色，那么它们就被称为"互补色"。所以，我们的陀螺说
明，天蓝色和橙色是互补色。

　　如果你们可以找到足够多的颜色，就能勇敢地重复英国著名科学家牛顿
在 200 年前首次做的那个实验。它是这样的：给圆片扇形涂上彩虹色，也就
是紫色、蓝色、青色、绿色、黄色、橙色和红色。在陀螺转动时，这七种颜色
会混合成灰白色。这个实验能帮助我们理解，每一束白色的太阳光都是由很多
种颜色的光束混合而成的。

图 12   图 13

我们的彩色陀螺实验的不同之处在于当它转动的时候，套在它上面的圆片立刻就会变色，如图 12 所示。

9. 会"画画"的陀螺，如图 13 所示。制作一个跟上面那种一样的陀螺，只用将它的转轴从笔杆换成削尖的软铅笔即可。让陀螺在稍微倾斜放置的硬纸板上旋转，它会一边转动，一边沿着倾斜的硬纸板向下，此时铅笔就会画出一圈圈螺纹。它们很容易就能数清，因为陀螺每转动一圈就会形成一圈螺纹，用表卡着时间，很容易就能算出陀螺一秒钟转几圈。当然，要想靠肉眼来数清是不可能的。

接下来再来看另一种会"画画"的陀螺。为了制作这种陀螺，需要找一块圆形铅片，那种挂在窗帘边缘用于将窗帘拉直的就可以。在圆片中央钻一个孔（铅很软，很容易就能钻穿），然后在孔的两边再各钻一个孔。

从中间那个孔将圆片套在削尖的木棍上，然后将一根头发或细线从旁边的一个小孔中穿过去，头发或细线向下比陀螺转轴多伸出一些，然后用折断的火柴对头发进行固定。第三个孔我们放在那儿不要动，钻这个孔只是为了圆形铅片在转轴两边的重量一样，如果陀螺的配重不均，就不能平稳地旋转。

现在会"画画"的陀螺就做好了，但要用它来做实验我们还需要准备一个被熏黑的盘子。将盘子的底部放到煤油灯或蜡烛上，直至表面均匀地覆上一层厚厚的烟黑，然后将陀螺放到熏黑的表面上。它会在盘子表面滑动旋转，与此同时头发或细线会在黑色的表面画出繁复但又非常漂亮的图案，如图 14 所示。

图 14

10.最后一种陀螺会让你们感到最不可思议，这就是木马陀螺，如图15所示。其实，它做起来要比第一眼看到的简单得多。圆片和转轴跟前面的彩色陀螺一样。将带有小旗的大头针在转轴周围对称地插上圆片，然后粘上纸做的小马和骑士，这样能逗你小弟弟或小妹妹开心的木马陀螺就做好了。

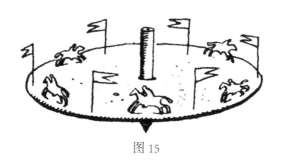

图 15

碰撞

无论是两艘轮船、两辆电车相撞的不幸事件，还是游戏中两颗槌球碰到一起，物理学家都用一个简单的词来表示——"碰撞"。碰撞只会持续短短一瞬，但是如果相撞的物体具有弹性，那么在这一瞬也能发生很多的事。物理学家将每一次碰撞分为三个阶段。第一个阶段，两个碰撞的物体在它们相撞的地方相互挤压。然后就是第二阶段，此时相互挤压达到最大程度，由于内生的反作用力会抵消挤压力，从而阻止进一步挤压。第三个阶段，反作用力会试图恢复在第一阶段所改变的物体的形状，从而将物体往相反的方向推：碰撞的物体就像被反撞一样。比如，当我们用一颗槌球去撞击另一颗重量相同的静止槌球时就会发现，由于反作用力，发起冲撞的球会原地停住，而原本静止的球则会以第一颗球的速度被撞开。

当用一颗球去撞击一连串排成一直列的球时，就会观察到十分有趣的现象。排头的那颗球所受到的冲击就像从一整串球中穿过，除了排尾的那颗球会被猛地弹出去，剩下所有球都保持不动，因为在排尾的球之后冲击力已经无球可传。

这个实验既可以用槌球来做，也可以用象棋或硬币来做。如图 16 所示，将象棋排成一排，可以是很长一排，但相互之间必须紧密相连。用手指按住第一颗象棋，使用木尺敲击它的侧边，你们就会看到最后一颗象棋飞出去，而其余象棋则停在原地不动。

图 16

少年知道

玻璃杯里的鸡蛋

马戏团里的小丑有时会将桌布从桌上扯下，同时让所有的餐具——盘子、杯子、瓶子——完好无缺地留在原地，观众对此十分惊讶。其实，这并没有什么神奇的，也不是什么骗术，只是熟能生巧罢了。

对于你们来说，要想自己的手做到如此灵巧，当然不容易，但做一个类似的小实验却是一点也不难。在桌子上放一个杯子，往杯子里倒上半杯水，然后再拿一张明信片（最好是半张），接下来找大人借一枚男士戒指并拿一枚煮熟的鸡蛋。如图 17 所示，将这四样东西按下列方式进行摆放：用明信片盖住装有水的杯子，把戒指放到明信片上，再把鸡蛋竖放到戒指上。你们能否做到将明信片抽出，同时鸡蛋又不会掉到桌子上呢？

图 17

乍一看，这和抽出桌布同时让摆在上面的餐具不掉到地上一样难。但你们只需对着明信片的边一弹就能做到。到时明信片会被打掉并飞出去，而鸡蛋则会跟戒指一起完好无损地落入装有水的杯中，水会缓冲冲击从而让蛋壳保持完整。

你动作足够麻利后，还可以尝试用生鸡蛋来做这个实验。

这个小实验的奥秘在于，由于明信片被弹出去的时间很短，鸡蛋来不及从它那里获得任何速度，在没有支撑的情况下，鸡蛋会笔直落入下面的杯中。

如果这个实验你们不能一下成功，可以做一些类似的更简单的实验当作练习。在手掌上放一张明信片（最好是半张），再在明信片上面放一枚更重一些的硬币，然后将硬币下面的明信片快速弹出，就会看到虽然明信片飞出去了，但硬币还在手里。如果将明信片换成火车票，实验很容易就能成功。

不寻常的断裂

四处游历的魔术师经常会表演一些看起来很神奇，但原理其实很简单的魔术。如图 18 所示，一根足够长的木棍的两端分别挂在两个纸环上，一个纸环挂在剃须刀的刀片上，而另一个纸环则挂在不牢靠的烟斗上。魔术师拿起另一根木棍，用它用力敲打第一根木棍，会发生什么事呢？木棍断了，而纸环和烟斗却完好无缺！

这个实验的原理跟上一个实验一样。因敲打的速度非常快，以至于无论是纸环还是被敲打木棍的两端都来不及获得任何位移。只有直接遭到敲打的那部分木棍会移动，因此木棍会断裂。这个实验成功的秘诀在于敲打的速度要非

少年知道

常快，非常果断。如果敲打的速度慢，同时动作又很迟缓，木棍就不会断，而是纸环会断裂。

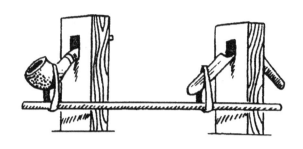

图 18

魔术师中的高手甚至会用两个薄玻璃杯架起木棍，然后敲断它，即使这样玻璃杯也不会碎。

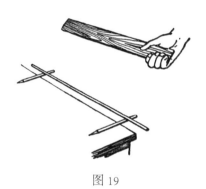

图 19

我这么说当然不是建议你们去表演类似的魔术。你们可以去尝试一个更简单的实验。如图 19 所示，在矮桌或条凳边缘放两支铅笔，铅笔的一部分悬空，然后在铅笔悬空的那一头放上一根又细又长的木棍。使用直尺的边棱用力快速地击打木棍的中间，木棍最后会断开，而架起它的铅笔则会原地不动。

现在你们就明白了，为什么在受力均匀的情况下，即使用力也无法用手掌压碎核桃，但用拳头很容易就能敲碎核桃。这是因为在后一种情况中，拳头来不及分散冲击力，就像硬物一样，抵挡住核桃的反冲击力，从而将它敲碎。

同理，子弹在击穿玻璃的时候会留下一个小圆孔，而用手扔出的石块，由于飞行速度更慢，则会将整块玻璃都砸碎。更慢一些的冲击甚至会将窗框撞倒，这是子弹和石块都无法做到的。

这种现象的另一个例子是使用树条抽断茎秆。当用树条慢慢抽打时，即使用很大的力也不能抽断茎秆，顶多让它偏向一边。但是如果用力快抽，只要茎秆不是太粗，就有可能将它抽断。这跟之前的情况一样，当树条运动的速度很快时，其带来的冲击力来不及传遍整个茎秆，它只会集中在被抽打的那一小段，而这一小段则要承受抽打带来的所有冲击力。

像潜水艇一样

有经验的主妇都知道，新鲜的鸡蛋在水里会下沉。她们正是用这种方法来辨别鸡蛋是否新鲜：如果鸡蛋下沉了，那它就是新鲜的；如果它浮起来了，那就不能吃了。物理学家由此得出结论，一枚新鲜的鸡蛋比同等体积的清水更重。之所以要用清水，是因为不清的水，比如盐水，要更重一些。

如果是高浓度的盐水，就会发现在同等体积下盐水要比鸡蛋重。此时，按照阿基米德早就发现的浮力定律，即使是最新鲜的鸡蛋，在那样的水中也会浮起来。

你们可以运用所学的知识去做一个有教益的实验，可以让鸡蛋既不下沉也不上浮，而是悬浮在液体之中。在物理学家看来，此时鸡蛋处于"悬浮"状态。为此需要准备一些盐水，盐水的密度要在同等体积下，其重量和鸡蛋的重量相同。要想获得这样的盐水，需要进行多次尝试，当鸡蛋上浮时就加一点水，当鸡蛋下沉时就加一点盐。稍微有一点耐心，你们最终都会成功调制出那种盐

少年知道

水，让鸡蛋在里面既不会上浮也不会下沉，而是会静止停在所放的位置，如图20所示。

图 20

潜水艇的原理也类似。当它的重量与其所挤出的水的重量正好相等时，它就会悬浮在水面下而不会沉底。为了让它具有这样的重量，水兵们会往艇上所搭载的特殊容器内注水；而当需要上浮时，就会排水。

汽艇在空气中悬浮的原理与鸡蛋在盐水中悬浮的原理一样，它所挤出空气的重量正好与其本身的重量相同。

读者可以加入本地交流群
一起读书一起成长

浮针

是否能让钢针像稻草一样浮在水面呢？这看起来似乎是不可能的：实心的铁块，即使是很小一块，放到水里也一定会沉底。

很多人都这么认为，如果你们也在这"很多人"之列，那么接下来这个实验会让你们改变自己的看法。

取一根普通的，不是太粗的缝衣针，给它稍微涂上一层油或油脂，然后把它小心地放到装有水的茶杯、小桶或玻璃杯里。让你们惊讶的是，针并没有沉底，它会浮在水面。

那它为什么不下沉呢？毕竟钢比水重。当然，钢要比水重6~7倍，当把针放到水下，它是无论如何也不会像火柴那样自己浮起的。但我们用来做实验的针并没有沉到水下。为了找到原因，你们要仔细观察浮针周围的水面。你们会发现，浮针附近的水会形成一个凹槽，针刚好就躺在那个凹槽底部。

针附近的水之所以会形成凹槽是因为涂了薄薄一层油脂的针不会被水浸湿。也许你们已经发现了，当你们的手上沾有油时，往手上倒水，水并不能浸湿它。鹅毛以及所有水禽的羽毛总是会覆上一层由特殊腺体分泌的油脂，这就是它们不会沾上水（即水会从鹅羽上滴落）的原因。这就是为什么如果不用能够溶解油脂层的肥皂，即使是用热水也无法洗干净沾有油的手。涂满油的针同样也不会被水浸湿，所以在水形成凹槽的底部被一层试图抻平的水膜支撑着。正是由于水试图抻平其被针压凹下去的水面，针才会被托起，没有下沉。

由于我们的手上总是会带一点油脂，所以即使不专门给针涂油，它在我

少年知道

们手上的时候就已经覆上了一层薄薄的油脂。在没有专门给针涂油的情况下，要想让针浮起，只需非常巧妙地将它小心放入水中。可以这样做：将针放到一小片卷烟纸上，然后用另一根针慢慢压纸的边缘，直至整片纸都沉到水里。纸片会沉底，而针则会浮在水面。

这样，当你们偶然看到一只水蝇像在陆地上一样在水面上行走时就不会感到惊讶了。你们会想到，水蝇的足上覆有一层油脂，它们不会被水浸湿，这样足尖下方的水会形成凹陷，凹陷会有张力，所以能从下方托住水龟，如图21所示。

图 21

潜水钟

要做这个实验，用普通的洗脸盆就可以，但如果你们能找到一个又深又宽的罐子，实验做起来就会更容易。此外，还需要一个高的玻璃杯或大高脚杯，它将成为你们的潜水钟，而脸盆在装上水后则将模拟大海或湖泊。

图 22

如图22所示，将玻璃杯倒置，让它沉到脸盆底部，然后继续用手摁住它（这样水就不会把它推出）。此时你们很容易就会发现水几乎没有渗到杯子里，这是因为杯子里的空气不允许它进入。如果在钟下面放上一些容易被浸湿的东西，比如一小块糖时，就会更加直观。将软木圆片放到水上，在它上面放一块糖，然后用玻璃杯罩在上面。现在让玻璃杯沉入水中，糖的位置比水位低，但依然会保持干燥，因为水不会渗透到玻璃杯里面。

用玻璃漏斗也可以做这个实验，只需让它的大口向下，用手指封严漏孔，再让它沉入水中。水不会渗入漏斗里面，但如果你们将手指从漏孔移开，让空气逸出，水就会迅速渗入漏斗并上升到与周围相同的水平高度。

你们看，空气并不是我们所习惯认为的"什么都没有"，它占据了一定的位置，当它无处可去时，就不会把这个位置让给其他任何东西。

这些实验还直观地解释了人们为何能借助潜水钟或所谓的"气压沉箱"潜入水下并在那里开展工作。和我们实验中水不会流入玻璃杯一样，水也不会渗入潜水钟或气压沉箱内。

为什么倒不出来？

下面要介绍的实验是最容易完成的实验之一。这是我在少年时期做的第一个实验。往玻璃杯中倒满水，用明信片或纸盖住玻璃杯，然后用手指轻轻摁住它，再把玻璃杯翻转过来。现在你们可以把手拿开，只要纸是完全水平的，它就不会掉，水也不会倒出来。

以这种姿势你们可以大胆地将玻璃杯从一个地方转移到另一个地方，甚至比正常情况还要方便，因为水不会溅出。当你们将水装在倒置的玻璃杯里给朋友送去的时候，一定会让他们大吃一惊……要想实验成功，必须将整个杯子都装满水。如果水只占了玻璃杯的一部分，而其余部分被空气占用，那么实验可能就不会成功：杯子内的空气会对纸施压，以抵消外部空气的压力，因此纸就会掉落。

在了解了这一点之后，我立即决定用未装满水的杯子做一下实验，好亲眼看看纸是如何掉落的。

你们可以想象一下，当看到纸没有掉落的时候，我是多么的惊讶！我把这个实验重复做了好几次，最终确认，不管水杯里的水是否装满，纸都不会掉。

对我来说，这是对应该如何研究自然现象的直观教训。在自然科学中，实验应是检验一切的最高标准。每一个理论，无论在我们看来它有多么可信，都应该通过实验进行检验。"检验再检验"——这是 17 世纪第一批自然研究学者（佛罗伦萨学者）定下的规矩，对于 20 世纪的物理学家来说依然适用。如果在对理论进行检验的过程中发现它不能被实验证实，那就必须找出其中的错误。

就我们而言，要找出推理中的错误并不难，虽然它乍一看很能让人信服。当我们将从下面封住杯口的纸张的一角稍稍折起，就会看到一个气泡从水中穿过。这意味着什么呢？显然，杯子里的空气比外面的空气压力更低，否则外面的空气就不会冲向水面上方的空间。这样谜底就解开了：虽然玻璃杯中还有空气，但它比外面的空气密度低，因此气压也低。显然，当杯子被翻转时，杯中的水会向下流，使部分空气从杯子中排出，而剩下的那一部分空气，在体积与之前相同的情况下，压力会降低。

你们看，即使是最简单的物理实验，当认真对待时，也会引起我们的认真思考。伟人正是通过这样的小事情来进行学习的。

水中取物而手不湿

现在你们已经确信，我们周围的空气对它所触及的所有事物都施加了相当大的压力。下面要介绍的实验将更加直观地向你们证明，物理学家所说的"大气压力"的存在。

将硬币或金属纽扣放在盘子里并往里面倒水，让水没过硬币。你们会说，在不弄湿手指或将水从盘子里倒出的情况下，想要徒手取出硬币当然是不可能的。但你们错了，这是完全可能的。

下面我来介绍应该如何操作。在玻璃杯内点燃一张纸，当空气变热后，将玻璃杯倒扣在盘子里，不要让杯子罩住硬币。现在来看看会发生什么。玻璃杯中的纸张当然很快就会熄灭，然后杯中的空气就会开始冷却。随着空气变冷，所有的水都会被吸进玻璃杯，并露出盘底，如图 23 所示。

图 23

等一分钟，让硬币变干，然后你们就能在不弄湿手指的情况下取出硬币。

要想理解这个现象的原因并不难。当杯中的空气受热后，会和所有被加热的物体一样发生膨胀，当它的体积超过玻璃杯的体积后，有一部分空气就会被挤到杯外。当剩余的空气开始冷却时，已经不足以在低温状态下维持与之前相同的压力，即不能与外部大气的压力保持平衡。此时杯内的水所受的压力要比盘子里其他地方的水所受的压力小，所以这些地方的水会被空气压力挤压到杯子里也就不奇怪了。事实上，水并不是像你们会看到的那样被杯子"吸进去"了，而是从外面被压进了玻璃杯中。

现在，当你们已经知道发生这些现象的原因，应该也会明白，其实没有必要在实验中使用燃烧纸或用酒精浸泡过的燃烧棉（正如人们经常建议的那样），其实什么火焰都不需要，只需用开水冲洗一下玻璃杯，实验也会成功。主要目的是要加热玻璃杯内的空气，至于用什么方法，完全没关系。

例如，还可以用下面的方法简单做一下这个实验。喝完茶后，趁茶杯还是热的，将它倒扣在事先倒了茶水的茶碟上，这样在做实验的时候它就已经冷却下来，1~2 分钟后，茶碟里的茶水就会流进杯子里。

迷你降落伞

　　用卷烟纸剪出一个几个手掌那么大的圆，再在这个圆中间剪一个几指宽的小圆。在人圆的边上打上一些孔，打孔的地方系上细绳，细绳的长度要一致，在绳子的另一头绑上一个不太重的负荷物。这样就做成了一个迷你降落伞，它跟飞行员被迫跳伞逃生时所用的降落伞类似，只是尺寸要更迷你。

　　为了检验这个迷你降落伞的效果，你们可以将它和负荷物一起从顶楼的窗户抛下去。负荷物将拉紧细绳，圆制片会展开，降落伞会平稳地下降并轻轻地落到地面。这个实验要在无风天进行。当有风时，哪怕是微风，你们的降落伞也会被卷起，吹离房屋，落在远处的某个地方。

　　降落伞的"伞衣"越大，所能承载的负荷物的重量就越大（必须要有负荷物，这样降落伞才不会翻转），在无风时下降的速度就越慢，而在有风时飘的距离就更远。

　　为什么降落伞能在空中飘飞这么久呢？你们应该已经猜到了，是空气在阻止降落伞下落，如果没有那张纸的话，负荷物会飞速掉落到地面。纸张会增加掉落物体的受力面，同时又几乎不会增加它的重量，物体的受力面越大，其运动时受到的阻力就越大。

　　如果你们能理解这一点，就会明白为什么灰尘能浮在空气中。人们通常说，灰尘之所以能飘浮在空气中，是因为它比空气更轻。这完全是错误的。

　　什么是灰尘？灰尘是石头、金属、黏土、木材、煤等物体的细小颗粒。所有这些东西都比空气重成百上千倍：石头的重量是空气的1 500倍，铁的重量是空气的 6 000 倍，木材的重量是空气的 300 倍。也就是说，灰尘一点都不比空气轻，相反，它们要比空气重很多倍，是无论如何也不能像木片浮在水面一样飘浮在空气中的。

照此推断，任何固体或液体的细屑在空气中都必须下落，应该"下沉"。它们的确会下落，只不过它们在降落的时候就跟降落伞一样。事实上，对于极小的颗粒物来说，它们的受力面并不像其重量减少得那么多，换句话说，如果与其重量相比的话，即使是最小颗粒物的受力面也非常大。如果将霰弹与圆形子弹相比，圆形子弹的重量是霰弹的 100 倍，但它的受力面只有霰弹的 10 倍。这就意味着，霰弹的受力面如果与其重量相比，是子弹的 10 倍。

想象一下，霰弹的重量不断减少，直到它变得比子弹轻一百万倍，变成铅灰。与其重量相比，这种灰尘的受力面是子弹的 10 000 倍，空气对其运动的阻力也是子弹的 10 000 倍。因此它会停在空中，几乎察觉不出在下落，只要有一点风，它就会被向上卷起。

纸蛇与纸蝴蝶

从明信片或硬纸板上剪一个杯口大小的小圆片，然后用剪刀沿着螺旋线将它剪成盘成一团的蛇的形状，如图 24 所示，把纸蛇的尾巴用缝衣针的针头钉在软木塞上。此时盘成一团的纸蛇会下垂，看起来就像螺旋梯一样。

现在，纸蛇已经准备好了，可以用它来做实验了。把纸蛇放到生着火的炉灶旁边，它就会旋转起来，炉灶烧得越热，它转得就越快。一般来说，在任何热的物体（比如灯、茶炊等）附近，纸蛇都会旋转，只要这个物体是热的，它就会一直不知疲倦地旋转下去。如果用绳子穿过纸蛇尾，然后把它挂在煤油灯上面，它就会转得非常快，如图 25 所示。

图 24

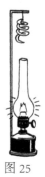

图 25

那么，是什么让纸蛇旋转呢？与风车翼板一样，它们旋转都是因为气流。在每个被加热的物体附近都有一股向上的热气流。之所以会产生这股气流，是因为空气与所有物体（冰水除外）一样，在受热后会膨胀，也就是说会变得更稀薄，更轻。因此，周围温度更低一些的空气，它们的密度更大，也更重，会把受热的空气挤走，让它向上流动，从而取代它的位置。但是，它也会面临相同的遭遇，立即被加热，并被一股新的、更冷的空气所取代。如此一来，每一个被加热的物体都会在其上方产生向上的气流，只要物体比周围的空气温度高，这股气流就会一直保持。换句话说，从每一个被加热的物体那里都有一股不易察觉的暖风吹来，然后它会吹动我们的纸蛇并让它开始旋转，就跟风带动风车翼旋转一样。

除了纸蛇，还可以让不同形状的纸张旋转，比如蝴蝶。剪蝴蝶的时候最好是用卷烟纸，从中间将它系好，用一根非常细的线或头发丝将它挂起来。把这样的纸蝴蝶挂在灯上，它就会像真蝴蝶一样盘旋。此外，纸蝴蝶的影子会投射在天花板上，完美重现纸蝴蝶的所有动作。不明真相的人会以为一只硕大的黑色蝴蝶飞进了房间，紧贴着天花板飞来飞去。

你们还可以这样做：将针扎入软木中，再将纸蝴蝶固定在针尖上，让蝴蝶保持平衡（固定点应为蝴蝶的重心，需要多试几次才能找到）。如果周围有任何会发热的物品，蝴蝶就会快速转动起来。哪怕是用温热的手掌靠近它，也会引起相当活跃的旋转。

空气受热膨胀以及暖气流上升这种现象在我们的日常生活中非常普遍。

所有人都知道，在一个有暖气的房间里，最热的空气会聚集在天花板附近，而最凉的空气则会流向地板。所以，在房间不够暖和的情况下，我们经常会感觉到有风从脚底往上吹。如果让从温暖房间通向寒冷房间的门半开，冷空气从下面流入，暖空气从上面流出，门附近蜡烛的火焰会指示出这些空气流动的方向。要想让一个有暖气的房间保持暖和，需要注意不要让冷空气从门下的缝隙中流入。为此只需用垫子或者报纸堵住这些缝隙就可以了，到时暖空气就不会被自下而上的冷空气排挤，从房间上面的缝隙中流出。

而炉灶或工厂管道里的通风，不是上升的暖气流还能是什么呢？

我们还可以列举出很多大气中暖气流和冷气流的例子，比如信风、季风、海陆风等，这里就不进行赘述了。

瓶子里的冰

在冬天很容易就能得到一瓶冰吗？如果户外是严寒的话，似乎更容易。将水倒入瓶中，把瓶子放到窗外，剩下的交给严寒就行了。寒冷会让水结冰，然后就能得到一个装满冰的瓶子。

但是通过本次实验，你们会发现事情并没有这么简单。冰倒是有了，但瓶子却不在了：它被冻结成的冰撑破了。发生这种情况的原因是，水在凝结成冰的时候，体积大约会增加十分之一。

水在膨胀过程中会产生一股抑制不住的力，不仅装水的瓶子会因此撑裂，

少年知道

就连敞口瓶子的瓶颈也会因为受到其下面冰的挤压而破裂，水在瓶颈处冻结，就好像冰做的瓶塞，把瓶子封住。

只要金属不是太厚，水在凝结成冰时所产生的膨胀力甚至能将金属撑破。水结冰后可以撑破 5 厘米厚的铁瓶。因此，水管经常会因水结冰而爆裂也就不足为怪了。

水在结冰时会膨胀，也是冰能浮在水上而不会沉底的原因。如果水在凝固时像其他大部分液体一样收缩，它凝结成的冰就不会漂浮在水面上，而是会下沉，然后我们就将失去冬天带来的乐趣。

切冰而使其不断

你们可能听说过冰块在压力下"被冻在一起"了，这并不意味着冰块在受到压力时会冻得更结实，相反，冰在高压下会融化。但在这个过程中，因为受到压力而释放出的冰水随即就会再次冻结（因为它的温度低于 0 ℃）。当我们挤压冰块时，会发生以下情况：那些凸起的部分会相互接触，受到的压力最大，从而融化成水，水的温度低于 0 ℃。水会流向凸起部分旁边的缝隙，在那里它将不再经受高压，所以会立刻冻结，从而将碎的冰块连接成一整块。

你们可以通过下面这个实验来对上面所讲的内容进行检验。选择一个长方形的冰块，将它的两头搭在两张圆凳、两把椅子或是别的什么东西的边缘。用一根 80 厘米长的细钢丝做成圆环，将它套在冰块上，钢丝的直径为 0.5 毫米或是更小。将一对熨斗或其他重量为 10 千克的重物挂到圆环的下端。在重物的压力下，钢丝会嵌入冰中，缓慢穿过整个冰块，但冰块不会塌落。你们可以大胆地把它拿在手上：它还是完整的，就跟没有被切割过一样，如图26所示。

图26

在前面讲过冰被冻在一起的事之后，你们就能理解为什么会出现这种奇怪的现象。在钢丝的压力下，冰会融化，但当水绕过钢丝，从它的压力中释放出来，立刻就会结成冰。简而言之，当钢丝在下面切割时，上面已经又冻上了。

冰是自然界中唯一可以用来做类似实验的物质。这也是为什么可以在冰上拉雪橇和滑冰。当滑冰的人将身体的重量压在冰刀上，所产生的压力会使冰融化（只要气候不是过于寒冷），从而冰刀就能滑动，而当冰刀滑到下一个地方时，也会使那里的冰融化。无论滑冰的人滑到哪儿，都会让冰刀下薄薄的一层冰化成水，当水从冰刀的压力中释放出来，又会再次冻结。因此，虽然在严寒时冰是干燥的，但冰刀之下总是有水渍，这也是能在冰上滑行的原因。

声音的传播

　　你们是否从远处观察过别人砍树？或者你们是否曾在远处看过木匠钉钉子？在这过程中，你们可能注意到了一件非常奇怪的事情：当斧头砍到树上或锤子击中钉子时并不会发出声音，而当斧头或锤子已经被举起时，声音才会响起。

　　你们可以多观察几次，每次都向前或向后走几步。在经过几次尝试后，你们就能找到一个位置，在斧头或锤子击中的那一刻，声音也刚好传来。当你们回到之前的位置，会再次发现击打的动作和声音不同步。

　　现在，你们已经很容易就能猜到这种神秘现象的原因是什么了。声音需要一些时间才能从声源传到你们的耳朵，而光线几乎是在一瞬间就能传完这段距离。而且可能会发生这样的情况：当声音通过空气传入你们的耳朵时，斧头或锤子已经被举起，准备好进行下一次的敲击了。此时，眼睛看到的和耳朵听到的会错开，你们会以为工具发出声音不是在它落下时，而是在它被举起时。但是，如果你们前进或后退，声音在扬起一次斧头的时间里所传播的距离，那么当声音传到你们的耳朵时，斧头正好重新落下。到时你们所看到的和所听到的敲击就是同步的，只是两者并不是同一次敲击：你看到的是最近的一次敲击，但你听到的则是之前的敲击——倒数第二次或更早的敲击。

　　那么，一秒的时间，声音在空气中的传播距离是多少呢？经过精确测量得出的结果是：大约 1/3 千米。声音传播一千米的距离需要 3 秒，如果砍树的人一秒抡两次斧头，当你与他的距离为 160 米时，砍树的声音就会与他举起斧头的动作同步。光每秒在空气中传播的距离几乎是声音的一百万倍。所以，你们就能明白，地球上的任何距离，以光的速度来说，都是一瞬间的事。

声音不仅通过空气传播，还能通过其他气体、液体和固体传播。声音在水中的传播速度比在空气中快3倍，所以在水下能够清晰听到每一个声音：工人们在气压沉箱（大的直立水管）里面时可以清楚听到岸上的声音；渔民们会告诉你们，岸上的一丁点儿声音就会让鱼受惊逃跑。

声音在坚硬的有弹性的材料（比如铸铁、木材、骨头）传播的速度更快，效果更好。将耳朵贴在长方木或圆木的末端，并让其他人用指甲或棍子敲击另一端，你们将听到通过整根木头传来的敲击声。如果周围的环境足够安静，在没有受到其他声音干扰的情况下，甚至可以通过长方木听到另一头表的滴答声。声音通过铁轨、横梁、铸铁管，甚至是土壤也能很好地传播。把耳朵贴在地上，可以在马蹄声通过空气传来之前很久就听到它；利用这种方法还能听到距离很远的炮所发出的炮声，而这种声音通过空气根本无法传到。

只有有弹性的硬质材料才能很好地传播声音，柔软的织物或松软没有弹性的材料传播声音的效果非常差，因为它们会"吞噬"声音。这就是人们在门上挂上厚厚的门帘，好让声音不传到房间内的原因。地毯、软垫家具以及衣物对于声音也有同样的阻隔效果。

钟 声

在前一篇文章中，我提到骨头可以很好地传播声音。你们想不想知道，自己的头骨是否也有这样的属性？

用牙咬住怀表的表盘并用手捂住耳朵，你们会清楚地听到摆轮的敲击声，比耳朵通过空气听到的滴答声要响得多。这些声音就是通过你们的头骨传到耳朵里的。

还有一个有趣的实验，可以证明声音通过头骨能很好地进行传播。在绳子的中间系上一个汤勺，将绳子的两端用手指摁在捂住的耳朵上，身体前倾，让勺子可以自由摆动，与硬物进行撞击。你们将听到低沉的轰鸣声，就像在你们的耳边响起了钟声。

如果你们把勺子换成较重的夹钳，实验的效果会更好。

吓人的影子

有一天晚上，哥哥问我："想不想看一些特别的东西？"我说："嗯。"哥哥说："那就跟我去隔壁房间。"

房间里很黑，哥哥拿了一根蜡烛。我自告奋勇走在前面，大胆地打开了门，然后走进了房间。但我一下就被惊呆了，墙上有一个怪物在盯着我，它扁扁的，就像影子一样，眼睛死死地盯着我，如图 27 所示。

图 27

我承认自己被吓坏了。如果身后没有传来哥哥的笑声，我可能会拔腿就跑。

当我回过头去，就明白了是怎么回事：挂在墙上的镜子被一张纸盖住，纸上剪出了眼睛、鼻子和嘴巴的形状，哥哥让蜡烛的光照到镜子上，没有被纸盖住的那部分镜子的反光正好落到了我的影子上。

尴尬的是，我被自己的影子吓到了……

之后当我试图用同样的方法捉弄小伙伴们时，发现要将镜子放到正确的位置并不容易。在我掌握诀窍之前，必须练习很多次。镜子反射蜡烛的光线要

少年知道

遵循一定的规律，即光线照在镜子上的入射角与它们从镜子反射出来的反射角相等。当我了解到这条规律后，我很容易就知道应该怎样根据镜子的位置来摆放蜡烛，好让光斑正好落在所需的阴影处。

测量光的亮度

在 2 倍距离下，烛光的亮度当然会减弱。但会减弱多少呢？是 1/2 吗？不，即使你们在 2 倍距离的位置放上 2 支蜡烛，它们也不会发出同样的光。为了获得与之前亮度相同的光，在 2 倍距离的位置不是需要放上 2 支蜡烛，而是 4 支。在 3 倍距离的位置，不是需要放上 3 支蜡烛，而是 9 支。这说明，在 2 倍距离下，亮度减弱到了 1/4；在 3 倍距离下，亮度减弱到了 1/9；在 4 倍距离下，亮度减弱到了 1/16；而在 5 倍距离下，亮度则减弱到了 1/25。这就是亮度随距离增加而减弱的规律。我们发现，声音减弱的规律也一样：声音在 6 倍距离的位置不是减弱为 1/6，而是 1/36。

在了解这一规律后，我们可以用它来比较 2 盏灯或是 2 个不同强度的光源的亮度。比如，你们想知道灯比普通的蜡烛亮多少倍，换言之，想确定要用多少根蜡烛才能得到与灯一样亮的光。

为此，你们可以在桌子的一端放上一盏煤油灯和一支点燃的蜡烛，在另一端竖上一块白色纸板（例如可以用书把它夹住）。在纸板前面不远的位置垂直地放上一根铅笔之类的棍子。铅笔会在纸板上投下 2 个阴影，一个是煤油灯照出来的，一个是蜡烛照出来的，如图 28 所示。这 2 个阴影的深浅程度通常是不同的，因为它们的光源不同，一个是亮的煤油灯，而另一个则是没那么亮的蜡烛。通过将蜡烛移近，你们可以让两个阴影的深浅程度相同。这就意味着，此时煤油灯与蜡烛一样亮。但是煤油灯与纸板的距离比蜡烛远，你们可以量一下前者是后者的多少倍，这样就能确定煤油灯比蜡烛亮多少倍。例如，如果煤油灯与纸板的距离为蜡烛与纸板的距离的 3 倍，那么它的亮度就是蜡烛的 $3 \times 3 = 9$ 倍。为什么会这样呢？如果你们还记得亮度减弱的规律就很好理解了。

图 28

同时，还可以利用纸上的油斑来对两种光源的亮度进行比较。当从正面照时，油斑是亮的；当从背面照时，油斑则是暗的。但是可以把要比较的光源放到油斑的两面，通过改变它们与油斑之间的距离让油斑从两面看起来的亮度是一样的。此时，只需测量光源与油斑之间的距离，然后再进行我们在上一个实验中所做的计算，就能对二者的亮度进行比较了。而为了同时对油斑的两面进行比较，最好将带有油斑的纸放到镜子旁边，这样就能直接看到一面，同时从镜子中看到另一面。当然，应该怎么做，你们自己会想出办法的吧？

上 下 颠 倒

伊凡·伊凡诺维奇进入房间，发现里面一片漆黑，因为百叶窗都被关上了，太阳的光线从百叶窗的小洞中穿过，形成了彩虹的颜色，打在迎面的墙上，在它上面勾勒出一幅五彩斑斓的图画，里面有铺着芦苇的屋顶、树木以及挂在院子里的衣服，而所有一切都是倒立的。

——果戈理《伊凡·伊凡诺维奇和伊凡·尼基福罗维奇吵架的故事》

如果在你们的公寓或熟人的公寓里有一间窗户朝阳的房间，那么你们可以很容易地把它变成一个物理仪器，它的名字叫"暗室"。为此只需要在百叶窗上钻一个小孔，如果小心一点的话，百叶窗不会被弄坏。在一个阳光明媚的日子，关上百叶窗和房间的所有门，让房间变暗，你们可以在小孔对面距它有一定距离的位置放上一大张纸或床单，这就是你们的"屏幕"。在它上面立刻就会显示出一幅图像，这是从小孔所能看到的屋外景象缩小的样子。房屋、树木、动物以及人将以其本来的颜色出现在"屏幕"上，如图29所示，只不过是颠倒的：房屋的屋顶朝下，人也是头朝下。

这个实验证明了什么呢？证明了光是沿直线传播的：从物体顶部射出的光线与物体底部射出的光线在百叶窗上的小孔中发生交叉，然后进一步传播，结果就是从物体顶部射出的光线到了下面，而从物体底部射出的光线到了上面。如果光线不是直的，而是弯曲或曲折的，结果就会有很大不同。

图 29

值得注意的是，小孔的形状不会对所形成的图像产生任何影响。无论你们是钻一个圆孔、方孔，还是一个三角形或六边形的孔，屏幕上的图像都是一样的。你们是否在茂密树下的地上看到过椭圆形的光圈？这正是光线穿过各种形状的叶片间隙所"绘制"出的太阳的图像。它们都是圆形的，因为太阳是圆形的，同时由于光线是斜射到地面，所以图像被拉长。如果你们在与太阳光线垂直的地方放一张纸，纸上就会出现正圆的光斑。而在日食期间，当月球移近太阳，挡住它并变成一个明亮的月牙，树下的圆形光斑也会变成月牙形。

摄影师所使用的照相机实际就是一个暗室，只不过在孔中嵌入了一个镜头，让图像更加明亮清晰。在照相机的后壁有一块毛玻璃，它是用于成像的，当然所形成的图像是头朝下的。摄影师在照相的时候会用黑布把自己和照相机包住，让眼睛不受到周围光线的干扰，从而可以对图像进行查看。

你们也可以自己动手做一个类似的照相机。找一个长条状的密封盒子，在它的一面上钻一个小孔。拆下小孔对面的纸壁并换上一张油纸，它将替代毛玻璃。把盒子拿到一个黑暗的房间里，将它上面的孔对准百叶窗上的孔，然后你们就能在盒子的后壁上清楚地看见窗外的景象，当然，这些景象都是上下颠倒的。

这个"照相机"的便利之处在于，你们不需要待在黑暗的房间，可以把它带到室外并把它装在任何地方。你们只需要用黑布罩住自己的头和"照相机"，让周围的光不会干扰在油纸上成像就好了。

倒立的大头针

刚才我们讨论了"暗室"，解释了它是如何制作的，但还有一件有趣的事情没说：每个人都带着一对小型的"暗室"，这就是我们的眼睛。眼睛的构造与我之前让你们制作的盒子的构造相似。所谓"瞳孔"，不是眼睛里的那个黑色小圆圈，而是一个通向我们视觉器官黑暗内部的孔。在这个孔外边，有一层透明的薄膜，薄膜下面覆盖着胶状的透明物质；瞳孔的后面紧接着是透明的"晶状体"，它有着双凸透镜的形状，而整个眼睛内部，从晶状体之后一直到成像的后壁，都充满了透明的物质。我们眼睛的剖面图，如图 30 所示。但这一切都不影响眼睛依然是一个"暗室"，只不过它更先进，因为眼睛所成的像更加明亮清晰。眼底所成的像非常小，比如，一根 8 米高的电线杆，当我们从 20 米的距离看它时，眼底所成的像大约是一根半厘米长的细线。

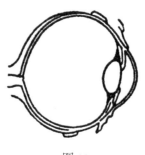

图 30

而最有意思的是，虽然眼睛所成的像与暗室所成的像一样，都是颠倒的，但我们看到的物体却是正的。这种翻转是由长期的习惯形成的，我们在使用眼睛的时候，习惯性地将看到的物体转化为自然状态。

你们可以通过实验来证明，事实的确如此。我们努力在眼睛底部呈现一个没有颠倒的、自然状态的物体图像，那么我们会看到什么呢？由于我们习惯将所有看到的景象进行翻转，所以我们也会将这一景象进行翻转，也就是说，在这种情况下，我们看到的景象不应该是正立的，而应该是颠倒的。事实就是这样。下面这个实验直观地说明了这一点。

用大头针在明信片上钻一个小孔，把明信片对着窗户或灯，右眼与明信片的距离约为 10 厘米；把大头针用手拿着放到明信片前面，让针帽对着小孔。通过物体的这种排列，你们将看到大头针好像是被放到了孔的后面，重要的是它上下颠倒了。

图 31

这种奇妙的景象如图 31 所示。把大头针稍微向右移动时，你们将看到它向左移动。

这是因为，在这种情况下，大头针在眼底所成的像不是颠倒的，而是直立的。明信片上的小孔在这里扮演的是光源的角色，它投射出大头针的阴影。这个阴影落到了瞳孔上，其所成的像不是颠倒的，因为它与瞳孔的距离过近。在眼睛的后壁上会形成一个光圈，这是明信片上那个小孔的像。而在光圈上面可以看到大头针的轮廓，这是它的阴影，而且是正立的。我们以为，通过明信片上的小孔，我们看见了在它后面的大头针（因为只能看见小孔范围内的大头针），而且大头针是上下颠倒的，因为根深蒂固的习惯，我们会下意识地将所有接收到的景象进行翻转。

磁针

你们已经知道如何让针漂浮在水面上，现在你们可以运用所学到的知识去完成新的、更有趣的实验。找一块磁铁，一块小的马蹄形磁铁就可以。如果让磁铁靠近水面浮着针的碟子，那么针就会顺从地"游"近磁铁所在的那一侧。

如果在把针放到水里之前，先用磁铁将它摩擦几次（必须使用磁铁的一头朝一个方向不停地摩擦，而不是来回摩擦），实验做起来会更容易。因为这么做会让针磁化，变成磁铁，甚至会"游"近不带磁的普通铁块。

使用磁针，你们可以进行很多有趣的观察。让它漂在水面上，同时让碟子周围不要出现铁块或磁铁，它就会指向一个方向，也就是南北方向，就像罗盘的指针一样。转动碟子，磁针依然会一端指北，一端指南。将磁铁的一端（极）靠近针的一端，你们会发现针的这一端不一定会向磁铁靠拢。它可能会转开，从而让针的另一端可以靠近磁铁。这反映了两块磁铁的相互作用。这种相互作用的规则是：异极相吸（比如一块磁铁的北极和另一块磁铁的南极），同极相斥（比如两块磁铁的北极或南极）。

在了解磁针的运动特点后，折一艘纸船，把磁针藏在船舱里。你们可以通过隔空控制纸船的移动让不知情的小伙伴们大吃一惊：如果你们的手上藏有一块磁铁，纸船就会随着你们手的挥动而移动，而小伙伴们对此会深信不疑。

磁铁剧院

　　更准确地说，这不是剧院，而是马戏团，因为里面的演员是在绳索上跳舞的。当然，"演员"们都是用纸剪的。

　　首先，我们需要用纸板建一座马戏团。在它的底部拉上一根铁丝，在舞台的上方固定一块马蹄形的磁铁。

　　接下来是制作"演员"。它们用纸剪成，每一个的姿势都各不相同。在纸人的背面用胶水粘着一根铁针，纸人的身高必须与针的长度相等。

　　如图 32 所示，把做好的纸人放到"绳索"上，它们不仅不会掉落，反而会因为被磁铁吸引而笔直地站立。轻轻地动一下铁丝，"演员"们就会动起来，它们左摇右晃，上蹦下跳，同时又不会失去平衡。

图 32

被电化的梳子

即使你们对电学一无所知，甚至连最基本的知识也不了解，但你们仍然可以做一些电学实验，它们非常有趣，同时又对将来你们了解这股神奇的自然力量非常有益。

这些电学实验最好是在冬天，在干燥的空气中进行的效果才最好，而在相同温度下，冬天的空气要比夏天的空气干燥得多。

那么，我们就来做实验吧。需要用一把杜仲胶做的梳子顺着干燥的头发梳下来。如果你们是在一个有暖气的房间里做这个实验，当房间十分安静时，你们就能听到梳子梳过头发时发出的轻微噼啪声。梳子因与头发摩擦而生电。

杜仲胶梳子不仅在与头发摩擦时会生电，与干燥的毛毯（一块绒布）摩擦也会生电，甚至电量会更大。

电的表现形式多种多样，首先就是吸引轻小的物体。把经过摩擦的梳子靠近纸屑、谷壳、木屑之类的小物体，它们都会扬起并粘到梳子上。用纸做一些小船并把它们放到水中，你们可以用带电的梳子控制纸船的移动，就像拿着一根"魔法棒"。

你们还可以让实验更有感染力，往干燥的高脚杯里放上一颗鸡蛋，在鸡蛋上面水平放置一把长尺并使其保持平衡。当用带电的梳子靠近长尺的一端时，它就会迅速地转动起来，如图33所示。你们可以让它顺从地跟着梳子向一个方向转动，甚至可以让它转圈。

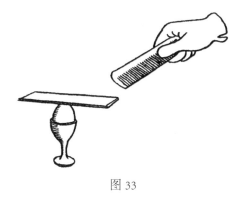

图 33

顺从的鸡蛋

你们不仅可以让梳子带电,还可以让其他物体带电。当火漆棒与绒布或毛料裙子的衣袖摩擦时,它也会带电。

如果用丝绸摩擦玻璃管或玻璃棒,也能让它们带上电。但用玻璃做实验必须要在非常干燥的空气中才会成功,同时要通过加热让丝绸和玻璃变得干燥。

图 34

还有一个与电吸引相关的有趣实验。如图 34 所示,通过一个小孔将鸡蛋排空:为此最好在鸡蛋的另一端钻一个孔并向孔内吹气。在得到空蛋壳后(用白蜡将小孔堵上），你们可以将它放到光滑的桌面、面板或大的餐盘上，然后就可以用带电的棍子让蛋壳听话地转动起来。如果旁人不知道鸡蛋是空的，这个由著名科学家法拉第想出来的实验就会让他大吃一惊。你们还可以用带电的棍子指挥纸环或轻的小球。

力 的 相 互 作 用

力学告诉我们，单向的引力乃至单向的作用都是不存在的，所有作用都是相互的。也就是说，如果带电的小棍会吸引物体的话，它自己也会被物体所吸引。为了验证这种引力的存在，你们只需让梳子或小棍易于移动，例如用线圈（最好是丝线）将它挂起来。这样很容易就能发现，任何不带电的物体，哪怕是你们的手，也会对梳子具有引力，会让它打转。

我们重申，这是一般的自然规律，它无时无处不有所体现：任何作用都是两个物体在相反方向上的相互作用。不会受到另一物体反作用力的单向作用在自然界中是不存在的。

电的斥力

现在让我们回到带电梳子的实验，我们看到它被各种带电的物体所吸引。当看到另一个带电的物体对带电梳子的作用时，同样也很有趣。通过实验，你们会发现，两个带电物体之间的相互作用存在不同情况。如果你们用带电的玻璃棒靠近带电的梳子，两个物体会相互吸引。但如果你们用带电的火漆棒或另一把梳子靠近它，则两个物体会相互排斥。

这种现象反映出的物理定律是：异性的电会相互吸引，同性的电会相互排斥。杜仲胶或火漆所带的电是同性的（被称为树脂电或负电），而树脂电与玻璃所带的电（正电）是异性的。旧的名称——"树脂电"和"玻璃电"——现在已经不再使用，它们被"负电"和"正电"取代。

基于同性电相斥的原理制造出了用于探电的简单设备——验电器。

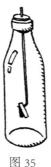

图 35

你们自己也可以制作这个简单的设备。将芯线从软木塞或硬纸圆片中间穿过，软木塞或硬纸圆片要能塞住瓶口，芯线的一部分要从上方伸出。在芯线的一端用石蜡固定两块小的铝片或卷烟盒中用的锡纸。然后将软木塞塞入瓶颈，或用硬纸圆片盖住瓶口，再用火漆将瓶口边缘封住，这样验电器就可以使用了，如图 35 所示。此时如果你们将一个带电的物体挂到芯线伸出部分的上方，那么电就会传导给瓶内的铝片或锡纸片，它们会同时被电化并因相互排斥而分开。铝片或锡纸片分开说明靠近验电器芯线的那个物体是带电的。

如果你们没有掌握上述制作方法，那么你们可以给自己做一个简单一些的验电器，它虽然不如上面那个验电器好用，也没有那么灵敏，但依然可以用来完成实验。如图 36 所示，将两个接骨木做的小球挂在木棍上，让小球相互接触，这样验电器就做好了。将测试的物体靠近其中一个小球，如果这个物体带电的话，你们就会发现，另一个小球会偏向另一个方向。

图 36

最后，你们将看到的是另一种简化版的验电器（如图 37 所示）：在插入软木塞的大头针上挂上一条对折的锡纸条。

用带电的物体靠近大头针，锡纸条就会张开。

图 37

电的一个特点

借助一个自制的简单"仪器"，你们可以发现电的一个非常有趣又非常重要的特点——它只在物体的表面聚集，而且仅限于物体的突出部分。

用一点火漆将火柴竖着粘在火柴盒的侧面做成支架，两侧各做一个这样的支架。然后剪一条纸带，宽度与火柴相当，长度约为火柴的 3 倍。将纸带的两端卷成圆筒，以便将其固定在基座上。在纸带的两面分别粘上 3~4 张由锡纸剪成的小纸片。

图 38

现在你们就可以用做好的仪器来进行实验了。拉直纸带，用一根带电的火漆棒靠近它，纸带以及它上面的锡纸片会同时被电化，表现是纸带两面的锡纸片翘了起来。改变火柴的位置，让纸带弯曲成弧形，然后再用带电的火漆棒靠近纸带，就会发现只有凸面上的锡纸片会翘起，而凹面的锡纸片则会保持不变，如图 38 所示。这说明了什么呢？说明电只在凸面聚集。如果让纸带弯成"S"形，那么你们就会确信，只有在纸带的凸出部分才会有电。

如何用不准的天平准确称重？

精准的天平或精准的砝码，哪一个更重要？很多人认为，天平更重要，但事实上砝码更重要。如果砝码不准，无论如何都是无法准确称重的。相反，如果砝码是准的，即使用不准的天平也能进行准确的称重。

比如，你们有一个用杠杆和茶杯做成的天平，怀疑它是否能准确称重。那么在称重时就可以这么做：不要立即把需要称重的物体放进茶杯里，在这之前先放一个更重一些的物体，然后将砝码放入另一个茶杯，直至杠杆达到平衡。

完成这一步后，就可以把需要称重的物体加到装有砝码的茶杯里。这当然会使杠杆倾斜，为了恢复平衡，必须取出一部分砝码。所取出砝码的重量便是需要称重的物体的重量。原因很好理解：物体对杠杆的作用力与之前砝码对杠杆的作用力是相同的，这就意味着它们的重量完全相等。

这个用不准的天平进行准确称重的妙招是由伟大的化学家门捷列夫想出来的。

读者可扫描二维码
获得少年爱问音频互动问答

你们可以做一个如图 39 所示这样的装置。在打开的门上放一根木棍，在木棍上绑一根绳，在绳子中间绑一本书，书要重一点。如果现在用力拉系在绳子末端的直尺，那么绳子会在哪里断开，是书的上方还是下方？

图 39

绳子可能在书的上方断开，也可能在书的下方断开，要看怎么去拉它。绳子在哪里断开取决于你们自己。如果拉得很小心，绳子会在书的上方断开；如果猛地用力一拉，绳子会在书的下方断开。

为什么会这样呢？当小心地拉直尺时，绳子会在书的上方断开是因为上面这一段绳子除了手的力，还受到书重力的作用，而下面这一段绳子只受到手的力的作用。而在猛拉时，在拉动的那一瞬间，书还来不及获得明显的运动，因此上面这一段绳子不会被拉伸，整个力都作用在下面这一段绳子上，所以它就会断开，即使它比上面那段绳子粗也是如此。

少年知道

被撕开的纸条

一条手掌长、手指宽的纸条可以用来完成一个有趣的实验。如图 40 所示，在纸条上的两个位置各剪或撕一个小口并问小伙伴，如果从纸条的两头扯它的话，它会怎么样？

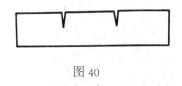

图 40

他们会回答："从小口的位置断开。"

你们再问："纸条会断成几段？"

人们通常的回答是当然会断成三段。在收到答案后，就可以让小伙伴通过实验来验证自己的猜测。

他们会惊讶地发现自己错了：纸条只会断成两段。

无论进行多少次实验，无论使用何种尺寸的纸条，也无论纸条上小口的深度如何，纸条都只会断成两段，纸条哪个位置更脆弱，它就会从哪里断开，正如谚语所说："绳从细处断。"这是因为，纸条上的两个小口，无论你们如何努力做到让它们一样，都不可避免会出现一个小口比另一个小口深的情况，即使眼睛看不出来，但还是会深浅不一。而这个深一些的小口就是纸条最脆弱的地方，会首先开始断裂。一旦开始断裂，它就会彻底断开，因为这个位置会变得越来越脆弱。

你们也许会欣喜地发现，在完成这个小小的实验之后，你们已经涉猎了一个非常重要的科学领域，它被称为"材料力学"。

坚硬的火柴盒

如果用拳头用力砸一个空火柴盒会发生什么？

我相信，在 10 名读者中有 9 名会说，火柴盒会被砸坏。而第 10 名读者，在自己做过实验或从他人那里听说过这个实验后会持另一种观点：火柴盒会完好无损。

这个实验应按以下方式进行。如图 41 所示，取出一个空火柴盒，并将它的内屉放到外壳上面，然后用拳头猛砸火柴盒。接下来发生的事会让你们大吃一惊：火柴盒的两个部分会飞出去，在把它们捡回来后，你们会发现，每个部分都完好无缺。火柴盒的弹力非常大，这保护了它：它虽然变形了，但没有被砸烂。

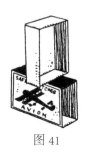

图 41

把物体吹近

在桌子上放一个空火柴盒，并让人把它吹开，这当然很容易。试试让他做相反的事：把火柴盒吹向自己。但不允许将头往前伸，从火柴盒的后面吹气。

几乎没有人知道该怎么做。有些人会试图通过吸入空气来让火柴盒移动，这当然无济于事。诀窍其实非常简单。

该如何做呢？把手放到火柴盒后面，然后开始对着手吹气，气流在经手反射后会打在火柴盒上并把它推向你们。

如果这样去做，实验一定会成功。只是做实验所用桌子的桌面要足够光滑，不能铺桌布。

挂钟实验

　　墙上的挂钟（带一个钟摆的那种）走慢了，应该如何调整钟摆，才能使它恢复正常呢？而如果挂钟走快了，又应该怎么做呢？

　　钟摆越短，它摆动得就越快，通过绳子上系重物的实验很容易就能证明这一点。由此我们找到了问题的解决办法：当挂钟走得慢时，需要将钟摆轴上的圆环往上提，让钟摆稍微变短一点，摆动得更快一些；如果挂钟走快了，则需要让钟摆变长一些。

自平衡木棍

　　如图 42 所示，把一根木棍放在分开的两手的食指上，现在让两根食指相互靠拢，直到完全贴在一起为止。非常奇怪的是，当两根食指贴到一起后，木棍并没有掉，而是继续保持平衡。不管你试多少次，也不管两根手指最初在什么位置，结果都是一样：木棍会保持平衡。即使是把木棍换成绘图用的直尺、带镶头的手杖、台球杆、扫把，结果也一样。

为什么会这样呢？

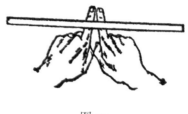

图 42

首先我们要知道的是，如果在手指紧贴的情况下木棍能够保持平衡，就说明手指所在的位置是木棍的重心（如果从重心所作的垂线穿过支点的话，物体就会保持平衡）。

在手指分开的情况下，离木棍中心更近一些的手指承担的重量更大。而压力与摩擦力呈正比，也就是说与离重心稍远一些的手指相比，离重心更近的手指受到的摩擦力也要大一些。所以，离重心近一些的手指不会顺着木棍滑动，动的是那根离重心远一些的手指。一旦移动的手指离重心更近，两根手指就会转换角色，而这种转换会重复好几次，直到两根手指完全贴在一起。由于每次移动的都是那根离重心更远一些的手指，自然，最后两根手指贴紧的位置就是木棍的重心。

图 43

如图 43 所示，我们再用扫把来做一次这个实验并问自己这么一个问题：如果从手指撑起扫把的那个位置把扫把折断，然后把扫把的两段放到天平上，棍和扫把头，哪一个会更重一些？

从表面上看，既然它们在手指上能保持平衡，在天平上也应该会保持平衡。

但事实上扫把头那边要更重一些。至于原因，不难猜到，当扫把在手指上处于平衡位置时，两部分的重力是施加在长短不等的力臂上的；当把它们放到天平上时，同样的重力却是施加在力臂相同的杠杆的两端。

我为列宁格勒文化公园的《趣味科学馆》订购了重心位置不同的各式木棍，然后从重心位置把它们折断成重量不等的两段。

来参观的人会惊奇地发现，当把折成两段的木棍放到天平上，短的那一段总是会比长的那一段重。

蜡烛火苗的倾斜

当我们在房间里将点燃的蜡烛从一个地方挪到另一个地方时，会发现一开始火苗会向后倾斜。如果把蜡烛放到封闭的灯笼里再挪动，火苗会向哪儿倾斜呢？如果将蜡烛放到灯笼里，然后提着灯笼匀速转圈，火苗又会向哪儿倾斜呢？

有人认为，将蜡烛放到封闭的灯笼里再挪动，火苗完全不会倾斜，这是错误的。我们可以用燃烧的火柴来进行实验，你们会发现，当用手护着它移动时，火苗会倾斜，而且出人意料的是，它不是向后倾斜，而是向前倾斜。向前倾斜的原因是火苗的密度比周围的空气小，相同体积的火苗比空气质量小。在力相同的情况下，质量较小的物体比质量较大的物体能获得更大的速度。因此，火苗比灯笼中的空气运动得更快，所以就会向前倾斜。

同样，火苗的密度比周围的空气小，也是提着灯笼转圈时火苗会向内而不是向外倾斜的原因。如果我们还记得离心机里旋转的小球中水银和水的运动状态，这种现象就很好理解了。在那种情况下，水银与旋转轴的距离比水远，如果把沿旋转轴向外的方向（即物体在离心力的作用下坠落的方向）看成下方，则水就像浮在水银上一样。蜡烛的火苗比周围的空气更轻，当提着灯笼转圈时，如果从灯笼往旋转轴的方向看，火苗就像浮在空气上一样。

液体向上施加压力

即使那些从未学习过物理的人也知道，液体会向下、向容器的底部以及侧面、向容器的内壁产生作用力。但很多人都想不到，液体也会产生向上的作用力。

一个普通的玻璃灯罩就能证明这种压力确实存在。用厚纸板剪一个圆片，圆片的大小要能盖住灯罩的口部。将圆片贴在灯罩口上并浸入水中。此时为了防止圆片掉落，可用细线穿过其圆心将它拽住或用手指将它按住。当灯罩浸入水中到一定深度后，你们会发现，圆片不用手指按，也不用细绳拽，自己就能固定住，水自下向上产生压力，将它托住。

你们甚至可以测量出这个向上的压力的大小。

如图 44 所示，慢慢地往灯罩中注水：当灯罩内的水位与容器内的水位持平时，圆片就会掉落。也就是说，水从下面对圆片施加的压力与水柱从上面向圆片施加的压力相等，水柱的高度与圆片浸入水中的深度相等。

这就是液体对浸入其中的物体施加压力的定律。同时，物体在液体中会"失去"重量也是这个原因，这就是著名的阿基米德定律向我们揭示的内容。

图 44

　　利用几个形状各异但孔口大小相同的灯罩，你们还可以验证另一条与液体相关的定律：液体对容器底部施加的压力只取决于容器底部的面积和水位的高度，与容器的形状完全无关。验证的方法是这样的，将不同的玻璃灯罩浸入水中到相同的深度（为此需要事先在灯罩的相同高度处贴上纸条）。你们会发现，每一次圆片掉落时，灯罩内的水位都相同，如图 45 所示。这就意味着，在底部面积和高度相同的情况下，各式形状的水柱的压力相同。请注意，这里重要的是高度而不是长度，因为（在底部面积相等的情况下）长的倾斜水柱与高度和它一样的短的垂直水柱对容器底部施加的压力相等。

图 45

少年知道

天平哪边更重一些？

在天平的一端放一个水桶，桶里装满水。在另一端放一个相同的装满水的水桶，不同的是水上漂着一块木头。哪一个水桶更重一些？

我曾向不同的人提出过这个问题，得到的答案也各不相同。一些人回答说，漂着木头的那个水桶应该更重一些，因为"桶里除了水还有木头"。另一些人则相反，认为第一个水桶要更重一些，因为"水比木头重"。

但这两种答案都是错误的，因为两个水桶的重量是相同的。确实，第二个桶里的水要比第一个桶里的水少，因为木块挤出了部分水。但是，根据浮力定律，漂浮物浸入液体的那一部分所挤出的液体的重量与该漂浮物的重量相等。这就是为什么天平应该保持平衡。

现在让我们来完成另一项任务。在天平的一端放上一个装有水的玻璃杯，然后在玻璃杯的旁边放上一个砝码。当在另一端放上砝码将天平配平时，将玻璃杯旁的砝码放入玻璃杯。天平会发生什么呢？

按照阿基米德定律，砝码在水中要比在水外轻，似乎放有水杯的那一侧天平秤盘会向上抬起。但事实上天平仍会保持平衡。这该怎么解释呢？

砝码在玻璃杯中会挤出一部分水，使杯中的水位高于之前的水位，由此杯底受到的压力会变大，而增加的压力正好与砝码失去的重力相等。

竹篮打水

事实证明，竹篮打水并非只存在于童话故事中，掌握物理知识有助于完成这件看似不可能的事情。为此需要拿一个直径 15 厘米的筛子，筛子的栅格不能太小（约 1 毫米），把筛子浸到熔化的石蜡中，然后取出来，你们会发现：筛面上蒙上了一层薄薄的，肉眼几乎看不出来的石蜡。

筛子依然是筛子，它上面有孔，大头针可以自由通过，但现在你们就可以用它来打水了。这种筛子可盛下相当多的水而不会通过栅格漏下去，只是在倒水的时候要小心，避免剧烈摇晃筛子。

为什么水不会漏下去呢？因为石蜡不会被水浸湿，它会在栅格中形成凸面向下的薄膜，从而盛住了水，如图 46 所示。

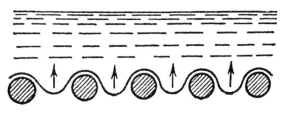

图 46

如果把这种在石蜡中浸泡过的筛子放到水中，它会浮在水面上。也就是说，不仅可以用筛子打水，还可以让它浮起。

这个令人难以置信的实验解释了生活中的一些常见现象，我们对这些现象已经习以为常，却不知道它们的原因。无论是给水桶和小船刷树脂，给橡木塞和木栓涂油脂、刷油性油漆，给需要防水的物体裹上一层油脂，还是给布匹涂上橡胶，所有这一切都与制作能盛水的筛子一样。它们的本质都是一样的，只是在实验中看起来不寻常罢了。

肥皂泡实验

你们会吹肥皂泡吗？这并不像看起来那么简单。在我发现吹出又大又好看的肥皂泡是一门需要练习的艺术之前，我认为吹肥皂泡不需要任何技巧。

但是，像吹肥皂泡这样微不足道的事是否有去做的意义呢？

这种事在宿舍里并不受欢迎，即使在闲谈中也很少将它提起，但物理学家对它们的看法却截然不同。英国物理学家开尔文曾写道："吹出一个肥皂泡，然后观察它。你们可以穷尽一生来研究它，从中不断领悟新的物理知识。"

的确，细小肥皂泡表面上神奇的颜色闪变让物理学家能够测量光波的长度，而肥皂泡的张力有助于研究微粒之间的相互作用力，如果没有这些黏着力，世界上除了最细微的尘埃外将不再有其他任何物质。

下面介绍的一些实验并不是为了解决严肃的问题，它们只是为了取乐，让你们了解吹肥皂泡的技巧。出于对这一现象的好奇，博伊斯写了一本200页的书，书名是《肥皂泡的颜色和塑造力》，我建议感兴趣的人去读读这本优秀的书。这里我们只介绍最简单的实验。

它们可以用普通黄色肥皂的溶液来制作，如果愿意的话也可以使用复合皂以及纯的橄榄皂或杏仁皂，这样更容易吹出又大又好看的肥皂泡。将一小块肥皂小心地放到干净的凉水中进行稀释，直到得到浓度足够的溶液。最好是用干净的雨水或雪水，如果没有也可以用冷却后的沸水。为了让肥皂泡能够长时间保持，柏拉图建议（按比例）在肥皂溶液中添加甘油。用勺子将溶液表面的泡沫和气泡撇掉，然后将一根细长的陶管伸进溶液中，事先在陶管底部的内外涂上肥皂。除陶管外也可以用一根约10厘米长的麦秆，它的底部要剪成十字形。

吹肥皂泡的方法如下：将吸管垂直浸入溶液中，以便在其底部形成一圈液体薄膜，然后轻轻地向管中吹气。由于肥皂泡中充满了从我们肺部吹出的温暖空气，它比室内空气的气压低，吹出的肥皂泡会立刻拱起。

如果一下就吹出直径10厘米的肥皂泡，则意味着溶液的浓度很合适，反之则需要往溶液中加入肥皂，直至可以吹出相应尺寸的肥皂泡。但很少会出现这种情况。在吹出肥皂泡后，将手指伸入溶液蘸湿并试着用手指去戳肥皂泡，如果肥皂泡没有破裂，则可以开始实验；如果它破了，则需要再加一些肥皂。

在做实验的时候动作要轻，要小心冷静，同时光线要尽可能明亮，否则将无法看到肥皂泡如彩虹一般的颜色闪变。

接下来是一些与肥皂泡相关的有趣实验。

图 47-A

罩着花的肥皂泡。往盘子或托盘中倒入肥皂溶液，使整个盘底都覆上2~3毫米高的肥皂溶液，在盘中央放一朵花或一个小花瓶，并用玻璃漏斗将花罩起来，如图 47-A 所示。然后慢慢提起漏斗，朝它的细嘴吹气，这样就会形成一个肥皂泡。当这个肥皂泡足够大的时候，让漏斗倾斜并与肥皂泡分离，如图 47-B 所示，花就被一个闪耀着彩虹颜色的半球形肥皂泡罩住了。

除了花，还可以用小雕像来做实验，用肥皂泡将它的头罩住。为此需要事先往雕像的头部滴一点肥皂溶液，在吹出大的肥皂泡后，再在它里面吹出一个小的肥皂泡。

一个套一个的肥皂泡。如图 47-C 所示，用上面提到的漏斗吹一个大的肥皂泡，然后将麦秆完全浸入肥皂溶液中，只需要将含在嘴里的那一小段保持干燥，再将麦秆小心地透过第一个肥皂泡的外壁伸至中央，然后慢慢地将麦秆抽回，但不要完全抽出，此时吹出第二个肥皂泡，它就被套在了第一个肥皂泡中，接着用同样的方法可以吹出第三个、第四个……

图 47-B

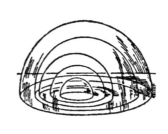

图 47-C

利用两个铁丝线圈做肥皂泡圆筒。为此需要将一个普通的球形肥皂泡挂在下面的线圈上，然后将另一个浸湿的线圈放到肥皂泡上，再把这个线圈往上提，直至肥皂泡变成长筒形，如图 48 所示。有趣的是，如果上面那个线圈所提起的高度大于线圈的周长，那么圆筒形肥皂泡的一半会收缩，而另一半会膨胀，然后分成两个肥皂泡。

图 48

肥皂泡的薄膜始终是被拉紧的，并对泡中的空气产生一个压力，如图 49

所示，在将漏斗对准蜡烛的火苗后你们会发现，这个力并不小，火苗明显发生了倾斜。

图 49

当把肥皂泡从温暖的房间带到寒冷的房间时，我们会发现它的体积明显减小；而把肥皂泡从寒冷的房间带到温暖的房间时，它则会变大。这是因为肥皂泡中的空气随着温度的变化而收缩和膨胀。例如，在 −15 ℃的条件下，肥皂泡的体积约为 1 000 立方厘米，当把它带到温度为 15 ℃的房间时，它的体积约增加 1 000 × 30 × 1/273 ≈ 110 立方厘米。

还需要指出的是，人们常认为肥皂泡的保存时间很短，这种想法并不完全正确。如果处理得当，可以将肥皂泡保存几十天。英国物理学家杜瓦（因将空气液化而闻名）将肥皂泡装在防尘、防干燥、防空气震动的特殊瓶子中，从而将它们保存了一个月甚至是更长的时间。美国科学家劳伦斯将肥皂泡放在玻璃罩内保存了数年的时间。

经过改良的漏斗

　　用过漏斗将液体倒入瓶中的人都知道，在这过程中需要时不时地提一下漏斗，否则液体就漏不下去。瓶中的空气无法排出，就会对漏斗中的液体施加压力，使其无法漏下去。

　　的确，有一小部分液体会漏下去，从而瓶中的空气会因液体的压力而被稍微压缩。但是，空气在被压缩后的压力会增加，足以挡住漏斗里的液体，不让其往下流。所以，通过提起漏斗，我们让被压缩的空气排出，从而让液体可以继续流动。

　　所以，在漏斗下方管状部位的外侧设置一些纵向凸起非常实用，它们可以使漏斗无法完全贴紧瓶口。我在日常生活中很少看到有人使用这样的漏斗，只在实验室里见过在构造上与它类似的过滤器。

杯子被倒扣后里面的水有多重？

你们说："当然不会有任何重量，因为在那种情况下杯子里的水都被倒出来了。"

"可是如果水没有被倒出来呢，那该会有多重？"我问。

事实上，在杯子被倒扣后是可以让水不流出来的。如图 50 所示，就是这种情况。在天平的一个托盘上吊着一个倒扣的高脚杯，杯里装满了水却没有流出来，因为杯口浸在装有水的容器里。在天平的另一个托盘里放了一个一模一样的空高脚杯。

图 50

天平会向哪边的托盘倾斜呢？

它会向倒扣过来的装有水的高脚杯倾斜。这个高脚杯在上面受到的是完整的大气压力，而下面的大气压力被杯中水的重量抵消了一部分。要想让天平恢复平衡，就需要给另一个托盘上的空高脚杯里倒满水。在这种条件下，被倒扣的高脚杯里水的重量就等于另一个托盘上高脚杯里水的重量。

调皮的瓶塞

这个实验将向你们直观地说明被压缩的空气会产生非常大的作用力。

为了进行实验，我们需要一个普通的玻璃瓶再加一个比瓶口稍小的软木塞。

水平握住瓶子，将软木塞放到瓶口，然后将软木塞吹进瓶子里。

似乎没有比这更容易的了。但在试过用力向软木塞吹气后，结果会让你们大吃一惊。软木塞不仅不会进入瓶子，反而会飞到你们的脸上！

吹气的力越大，软木塞往回飞的速度就越快。

为了让软木塞平稳地进入瓶中，你们需要做的不是朝软木塞吹气，而是要从软木塞上方的空隙吸入空气。

下面我们来解释一下这些奇怪的现象。当你们往瓶口吹气时，空气会通过软木塞与瓶口内壁之间的空隙进入瓶中，这会增加瓶内空气的压力，从而将软木塞挤出来。而当你们吸气时，会使瓶内的空气变得稀薄，外部空气的压力会将软木塞推入瓶中。只有当瓶口完全干燥时，实验才能成功，湿润的软木塞会与瓶口内壁产生摩擦，因此会被卡住。

点不燃的纸

在下面这个实验中，纸带不会被蜡烛的火焰点燃。

为此需要用窄的纸带像绷带一样将铁棒紧紧缠住。如果将这个缠满纸带的铁棒放到蜡烛的火焰上，纸就不会被点燃。火会燎在纸上，把它熏黑，但不会把它点燃，直到铁棒被烧红。

为什么纸不会被点燃呢？这是因为铁和所有金属一样，具有很好的导热性：它可以迅速将纸从火焰上获取的热量传导开。如果你们用木棍替代铁棒，纸就会被点燃，因为木棍的导热性很差。如果用铜棒，实验的效果会非常好。

用细线将钥匙紧紧地缠住，你们就能展示不会燃烧的线。

少年知道

不可思议的风轮

用薄的卷烟纸剪一个矩形，将它沿两个方向对折然后展开，你们就能知道矩形重心的位置。现在将剪出的矩形放到竖起的针的针尖上，让针尖刚好落在矩形重心的位置。

由于支撑点在重心的位置，所以矩形能保持平衡。你们只需轻轻地吹一口气，它就会开始在针尖上旋转。

我们暂时还没有发现这个装置的神秘之处。如图 51 所示，但当你们把手靠近它时需要特别小心，以免矩形纸片被空气吹走。你们会发现一件怪事：矩形纸片一开始是缓慢旋转，然后会越转越快。把手拿开时，旋转就会停止；把手靠近，旋转又会重新开始。

图 51

在 19 世纪 70 年代，这种神秘的旋转让很多人确信我们的身体具有某种超自然能力，一些神秘主义者还通过该实验来证明他们有关人体具有一种神秘力量的观点。但纸片旋转完全是自然的，同时也很简单：空气在你们的手下加热后会向上升起，在碰到纸片后会推动它旋转，这跟前面讲过的挂在灯上的"纸蛇"类似,又因为之前将纸片进行了对折,所以纸片会稍微倾斜。

细心的人可能注意到了这个风轮是按一定方向旋转的——从手腕,到手掌,再到手指。这是因为手各部位的温度不同,指尖的温度总是比手掌的温度要低,所以在手掌附近所形成的向上的气流要比手指附近的气流更强劲,对纸片的推动力也更强。

毛皮大衣能御寒吗?

如果有人告诉你们毛皮大衣根本不能保暖,你们会怎么看?你们当然会认为这是在开玩笑。而如果有人通过一系列实验向你们证明了这一说法,你们又该怎么办呢?比如,你们可以做这样一个实验。

记下温度计显示的度数,然后将它放进毛皮大衣中。过几个小时再把它取出来,你们会发现,温度一点都没变:之前显示的是多少度,现在依然是多少度。这就是毛皮大衣不能保暖的证据。你们可能会怀疑,毛皮大衣甚至会降低温度。取两个冰袋,一个用毛皮大衣包上,另一个敞置在房间里。当第二个冰袋里的冰融化时,把毛皮大衣展开,你们会发现冰袋里面的冰几乎没有一点融化。这意味着毛皮大衣不仅没有给冰加热,甚至让它温度更低,减缓了冰的融化!

这有什么可以反驳的呢?又应该如何推翻这些论点呢?

没有办法。如果对"保暖"的理解是传导热量的话,毛皮大衣的确不能保暖。灯、炉子以及人的身体之所以能保暖,是因为这些物体都是热源。但从这个意义上讲,毛皮大衣根本不能保暖。它不会发热,只是会阻止我们身体的热量流失。这就是恒温动物感觉自己穿着毛皮比不穿毛皮更暖和的原因，它们的身体本身就是热源。但温度计不产生热量，所以它的温度不会因我们把它放进毛皮大衣里而发生变化。被包进毛皮大衣里的冰能更长久地保持低温，这也是因为毛皮大衣的导热性很差，会减缓冰从室内空气中获得热量的速度。

和毛皮大衣同理，雪也能为大地保暖，它与所有的粉状物体一样，导热性很差，会阻止其所覆盖的土壤的热量流失。被积雪覆盖的土壤的温度通常比未被雪覆盖的土壤高 10 ℃。农民对积雪的保暖作用了然于心。

因此，对于毛皮大衣是否能让我们变暖和的问题，我们应该回答它帮助我们让自己变暖和。更准确地说，是我们让毛皮大衣变暖和了，而不是它让我们变暖和。

读者可以加入本地交流群
一起读书一起成长

冬天房间该如何通风？

冬天给房间通风的最好办法是在生火取暖时打开通风窗，此时室外新鲜的冷空气会把室内更轻一些的暖空气送入炉中，然后再通过烟囱排出。

但是不要以为通风窗被关上时也会发生同样的情况，因为此时室外的空气只能通过墙壁的缝隙渗入房间，它虽然确实渗入了房间，但从量上不足以让炉子维持燃烧。所以，除了室外的空气，其他房间的空气也会通过地板和墙壁的缝隙渗入房间，而这些空气既不干净，也不新鲜。

图 52

图 53

在这两种情况下进气的区别如图 52、图 53，气流的方向如箭头所示。

可以用沸水烧开水吗？

你们可以找一个小瓶（小罐），往瓶里倒上水，然后把它放到一个装有水的锅里去，锅下面点着火。在把小瓶放到锅里去的时候，瓶底不能和锅底接触。当然，你们可以用挂钩将小瓶挂住。当锅里的水沸腾起来时，瓶里的水似乎也应该跟着一起沸腾。但是，事实可能不像你们所预料的那样：瓶里的水会热，非常热，但是不会沸腾。沸水还不足以热到把水烧开。

这个结果看起来很出人意料，但其实也在预料之中。要想让水沸腾，光把它加热到100 ℃并不够，还需要向它传导大量的热量。水的沸点是100 ℃，通常情况下，在达到这个温度后，不管我们再怎么继续对它进行加热，水的温度也不会高于这个值。也就是说，我们用来对瓶中的水进行加热的热源的温度只有100 ℃，所以它也只能将瓶中的水加热到100 ℃。当二者的温度相等时，将不会有更多的热量从锅里的水传导给瓶里的水。所以，我们使用这种方法来加热瓶中的水，是不能让它获得将水转化为水蒸气所需的那么多热量的（每1克水在被加热到100 ℃后，还需要500卡热量才能转化为水蒸气）。这就是为什么瓶中的水尽管已经被加热了，但不会沸腾。

也许你们会有一个问题：瓶中的水和锅中的水有什么区别呢？毕竟瓶子里装的也是水，只是被玻璃瓶与其他的水隔开了而已，为什么其他的水都会沸腾，而瓶子里的水却不会？

因为玻璃瓶让瓶中的水无法与锅中的水发生交换。锅中的每一个水分子都可以直接接触到锅底，而瓶中的水只能与沸水接触。

所以，普通的沸水是无法将水烧开的。但是如果向锅里撒一把盐，情况就会变得不一样了。盐水的沸点不是 100 ℃，而会更高一些，所以可以将更多的热量传导给瓶中的水，让其沸腾。

能不能用雪将水烧开？

有读者会问："如果用沸水无法将水烧开，那么用雪呢？"不要急着回答，最好是先做一下实验，哪怕是用你刚刚用到的那个小瓶子也可以。

先往瓶子里倒半瓶水，然后把它放到沸腾的盐水里。等瓶子里的水开始沸腾后，把它从锅里取出并迅速用提前准备好的瓶塞将瓶口牢牢塞住。然后将瓶子翻转过来，一直等到瓶子里面的水停止沸腾。之后，用沸水去浇瓶子，瓶里的水不会沸腾。

但是，当你往瓶底上放一点雪，或是浇一点凉水，如图 54 所示，你就会看到瓶里的水再次沸腾了。

雪竟然做成了沸水都没做成的事。

更让人费解的是，用手去摸瓶子时并不会感觉很烫，只是温温的，但同时你又能看到瓶里的水的确是在沸腾。

出现这种情况的原因在于，雪让瓶壁变冷，从而会让瓶中的水蒸气凝结成水滴。但是，由于瓶中的空气在水沸腾的时候被排挤出去了，所以现在瓶里的水受到的压力就要小很多。众所周知，当液体受到的压力降低时，它的沸点也会降低。所以，我们瓶里的水虽然是沸水，但是并不烫。

图 54

如果瓶壁非常薄的话，瓶子里的水蒸气突然凝结还可能会导致瓶子发生爆炸。由于外部空气的压力比瓶内空气的压力人，它可能会将瓶子压碎（其实"爆炸"这个词在这里并不合适）。所以，在做实验的时候最好是用圆形烧瓶（底部向内凸起），这样空气的压力就会作用在拱形瓶底上。

图 55

更安全的方法是用装煤油或其他东西的白铁罐来做这个实验。如图 55 所示，在罐里装上一点水，等水沸腾后用塞子把它塞住，然后向它浇凉水。白铁罐立刻就会被外部空气的压力压瘪，因为罐内的水蒸气受冷会凝结成水。

白铁罐会被空气压力弄得皱巴巴的，就像用锤子在上面锤过一样。

蚱蜢在哪儿叫？

让你们的同伴蒙上眼睛坐到房间中央，叫他安静地坐着，不要转身。然后拿两枚硬币，在房间的不同位置用一枚硬币敲击另一枚，敲击硬币的位置与你们同伴双耳的距离大致相当。让他试着猜一下敲击硬币的位置，他肯定猜不出：声音从房间的一个角落传来，而你们的同伴会指向完全相反的方向。

如果你们走向一边，他犯的错就不会那么离谱了：此时距离更近的，耳朵听到的声音要响亮一些，借此就能确定声音是从哪儿发出的。

这个实验解释了为什么发现不了在草地里鸣叫的蚱蜢。在你们右手边两步开外传来尖厉的声音，你们朝那儿看去，但什么都看不见。声音又到了左手边，你们还来不及把头转过去，声音就已经从另一个地方传来。蚱蜢的动作之麻利会让你们困惑不解，你们朝它们鸣叫的方向转得越快，它们跳得就越快。事实上，蚱蜢一直原地未动，之所以感觉它们在跳跃，是被声音欺骗了。你们之所以会被欺骗，是因为你们不停转头，导致蚱蜢距离你们双耳的距离正好相同。在这种情况下（你们通过上述实验已经了解到了）很容易出错：蚱蜢明明在前方鸣叫，但你们却误以为它在相反的方向鸣叫。

所以，如果你们想确定蚱蜢的鸣叫、布谷鸟的啼鸣以及其他的声音是从哪儿传来，你们不应该看向声音传来方向，而是应该看向另一边。其实，通常当我们"侧耳倾听"时，就会这么做。

回声

当我们发出的声音从墙壁或其他障碍物反射回来并再次传到我们的耳朵时，我们就会听到回声。只有当声音发出与返回间隔的时间不是太短时，回声才能听得清楚。否则，反射的声音会与原始声音重叠，将它放大。而在空的大房间里则很容易听到回声。

想象一下，你们站在开阔的地方，前方 33 米处有一栋木屋。你们在这边拍掌，声音将传递 33 米，然后从墙壁反射回来，要经过多长时间呢？因为它来回各传递了 33 米，也就是总共传递了 66 米，所以它会在 66/330（为方便计算，音速取 330 米 / 秒）也就是 0.2 秒后返回。我们拍掌的声音非常短促，不到 0.2 秒，即在回声到达之前它就停止了，所以两个声音不会重叠，我们会听到两个声音。我们发一个单音节的词（比如"是""否"，此处为俄语）大约需要 0.2 秒，所以我们在距离障碍物 33 米远的位置就能听到所发出单音节词的回声。在同等距离下，双音节词的回声会与本身的声音重叠，将它放大，但会让它变得不清楚，此时我们无法单独听到两个声音。

如果要想清楚地听到双音节词的回声，与障碍物的距离应该是多少呢？发出一个双音节词需要 0.4 秒，在这段时间里声音要传递至障碍物并反射回来，也就是要传递与障碍物两倍远的距离。声音在 2/5 秒传递的距离为 $330 \times 2/5 \approx 132$ 米。

它的一半是 66 米，这是确保能听见双音节词回声的与障碍物最近的距离。

现在你们可以自己计算一下要想听到三音节词的回声，需要与障碍物保持多远的距离。

用玻璃瓶制作的乐器

如果你们具有音乐感知能力，很容易就能用普通的玻璃瓶制作一个简易的爵士乐乐器并用它进行简单的演奏。

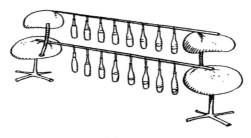

图 56

图 56 展示了你们应该怎么做。将两根长杆水平架在椅子上，然后在杆上挂 16 个装有水的玻璃瓶。第一个玻璃瓶几乎装满了水，往后每一个玻璃瓶中的水依次减少，最后一个玻璃瓶中只剩下很少的水。

用干燥的木棍去敲击这些瓶子，你们将听到不同高度的音。瓶子中的水越少，音调就越高。所以，通过增加或减少瓶中的水量，你们可以调出音阶。

在调出两个八度音后，你们就可以用这个玻璃瓶做的乐器演奏简单的旋律。

看透手掌

左手拿一个纸筒，将左眼贴近，透过它去观察远处的物体。同时将右手手掌对着右眼，并让它贴近纸筒。

双手应距眼 15~20 厘米。

此时你们会发现，右眼会透过手掌看得非常清楚，就像手掌被钻了一个圆孔，如图 57 所示。

图 57

为什么会出现这种现象呢？

出现这个出人意料的现象是因为：你们的左眼准备透过纸筒去看远处的物体，因此它的晶状体会进行调节（即通常所讲的将眼睛设置好）。同时由于眼睛的构造和工作是相互协调的，当一只眼调节时，另一只眼也会进行相应的调节。

在上述实验中，右眼也会进行调节以看清远处的物体，所以就会看不清楚近处的手掌。简而言之，左眼看远处的物体很清楚，右眼看近处的手掌很模糊，结果就是你们会觉得右眼透过挡住它的手掌看到了远处的物体。

在镜子前画画

在下面这个实验中，镜子中的景象与实物完全不相吻合。

在桌子上竖一面镜子，镜子前放一张纸，纸上画一个带对角线的矩形。但在画画的时候不要直接看自己的手，而是通过镜中的景象观察手的动作。

你们将发现，这项看似简单的任务几乎不可能完成。多年来，我们的视觉印象和运动感觉达成了一定的默契，而镜子则破坏了这种默契，因为眼睛在镜子中所看到的手的动作发生了扭曲。长期养成的习惯会反抗你们的每一个动作：你们希望向右画线，而手会向左。

如果你们不是画简单的图形，而是想要通过观察镜中的景象来绘制更复杂的图形或写一些字，那么你们将遇到更加意想不到的怪事：写出的字完全不认识。

吸墨纸上的印迹在镜子中的景象也是对称的。你们可以通过镜子看一下吸墨纸上的各式签名，然后试着把它们读出来。你们一个字也认不出来，即使字迹非常清楚也认不出来：字会向左倾斜，这与平常所见到的情况不一样，主要是笔画顺序也跟你们所习惯的顺序不同。但只要再找一面镜子，让它与纸成直角，你们就会发现，在这面镜子中，所有的字母又变成了你们所习惯的样子。这面镜子将正常笔迹的对称图像再次进行对称反射，所以它上面呈现的图像就是正常笔迹的样子。

透过绿色玻璃看红花会是什么颜色？而透过绿色玻璃看蓝花又会是什么颜色？

只有绿色光线能透过绿色玻璃，其他光线都会被过滤掉，红花除了红色光线，几乎不反射其他光线。透过绿色玻璃看红花，我们不会从它的花瓣接收到任何光线，因为它们反射的光线会被玻璃过滤掉，所以透过绿色玻璃看红花是黑色的。

同理，透过绿色玻璃看蓝花也是黑色的。

皮奥特罗夫斯基教授是一名物理学家兼画家，他对自然有着敏锐的观察力，在《夏季旅行中的物理学》一书中，他对这一问题进行了很多有趣的描述。

透过红色玻璃，我们很容易发现，像天竺葵这样纯红色的花，看起来就像纯白色的花一样艳丽，绿叶看起来是全黑的并带有金属的光泽；蓝花（乌头等）黑到在绿叶的黑色背景下几乎分辨不出来的程度；而黄色、粉色和紫色的花则看起来或多或少有一点暗淡。

拿一块绿色玻璃，我们会发现绿色的叶子特别艳丽，在它的衬托下白花看起来会更加耀眼；而黄色和蔚蓝色的花则要暗淡一些；红色的花看起来就像是浓黑色；紫色和淡粉色看起来很暗淡，呈灰色，例如蔷薇淡粉色的花瓣看起来比它的叶子暗。

最后，透过蓝色玻璃，红花再次看起来像黑色；白花看起来很艳丽；黄花看起来完全是黑色；而蔚蓝色和蓝色的花看起来几乎与白花一样艳丽。

　　由此不难理解，红花向我们反射的红色光线要比其他任何颜色的花都多得多，黄花反射红色光线和绿色光线的数量大致相同，但反射的蓝色光线很少；粉色和紫色的花会反射很多红色和蓝色光线，但绿色光线很少。

$v_t{}^2 - v_0{}^2 = 2gh$

$W = Fs\cos\alpha$

$v_t{}^2 - v_0{}^2 = 2gh$

$h = \dfrac{gt^2}{2}$

◈ 第二章 ◈

$W = Fs\cos\alpha$

用报纸做的小实验

$\dfrac{Gm_1m_2}{r^2} = F$

什么是"用脑子看"——沉甸甸的报纸

"决定了！"哥哥用手拍打着暖气片，对我说，"我决定了，晚上我们一起做电学实验。"

"实验！新实验吗？"我欣喜地喊道，"什么时候？现在吗？我现在就想做！"

"要有耐心。实验要等到晚上再做，我现在要走了。"

"去取仪器吗？"

"取什么仪器？"

"电机。毕竟做实验都是需要仪器的。"

"做实验需要的仪器已经有了，就在我的书包里……但你别想着自己去找。"哥哥猜中了我的心思，边穿着衣服边对我说道，"你找不到的，只会搞得一团糟。"

"但书包里真的有仪器吗？"

"有，你不用担心。"

然后哥哥就出了门，他把装有仪器的书包随意地放到了门厅的小桌子上。

如果铁有知觉，它就会感觉自己被磁铁吸引。当我独自一人与哥哥的书包在一起，我的感觉就像是铁遇上了磁铁。书包吸引着我，让我心神不宁。我没有心思去想其他的事，试图不去看它也是徒劳……

令人奇怪的是，电机为什么可以装在书包里，在我的印象中它完全没有那么扁平。书包没有上锁，我小心地往里面瞥了一眼……有什么东西用报纸裹着。小盒子吗？不，是书。除了书，书包里就再没有别的什么东西了。我一下就明白了，哥哥是在捉弄我，电机哪能放到书包里呢？

哥哥空着手回来了，看到我失望的表情，他立刻就猜到了原因。

他问道："看来你已经看过书包了？"

我反问道："仪器在哪儿呢？"

"在书包里，你没有看到吗？"

"里面只有书。"

"还有仪器。你是怎么看的？"

"怎么看的？用眼睛看的！"

"这就对了，你只是用眼睛去看，但应该用脑子看。光看还不够，要明白你所见到的，这才叫'用脑子看'。"

"怎样才能用脑子看呢？"

"想知道吗？让我来告诉你'只用眼睛看'和'用脑子看'的区别。"

哥哥从口袋里取出铅笔并在纸上画了一幅图，如图58-A所示，然后说道："图上的双画线表示铁轨，单画线表示公路。

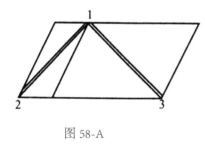

图 58-A

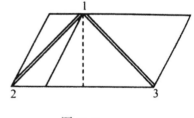

图 58-B

"你看一下然后告诉我，哪一段铁轨更长，是从点1到点2还是从点1到点3？"

"当然是从点1到点3更长。"

"这是你用眼睛所看到的。现在你要用脑子去看整幅图画。"

"怎么看？我看不出来。"

"这幅图用脑子应该这样看。假设从点1作一条直线，使其与公路2-3

成直角。"哥哥在图上添了条虚线，如图58-B所示，然后问道，"这条线将把公路2-3分成几部分？"

"将它等分。"

"等分就意味着这条虚线上的所有点与点2和点3的距离相等。你现在再看，是点1到点2近，还是点1到点3近？"

"我现在明白了，点1到点2和点1到点3的距离是相等的。而我之前却觉得右边的铁路比左边的更长。"

"之前你只是用眼睛看，而现在是在用脑子看。明白二者之间的区别了吗？"

"我知道了，可是仪器在哪儿呢？"

"什么仪器？啊，电机！就在书包里，好好地躺着呢。你没有看到，是因为你不知道怎么用脑子看。"

哥哥从书包里取出一包书，小心地把它打开，把包书用的一大张报纸递给我，说道："这就是我们要用到的电机。"

我不解地看着报纸。

"你是不是以为这就是一张纸而已？"哥哥继续说道，"只用眼睛看确实如此。但对于会用脑子看的人来说，报纸也是物理仪器。"

"物理仪器？可以用来做实验吗？"

"是的。你把报纸拿在手上，是不是感觉非常轻？你会以为，在任何时候用一根手指都能将它拿起。但等会儿你会发现，同样一张报纸也有可能会变得很沉很沉。把画图用的直尺递给我。"

"它上面全是缺口，不能用。"

"那更好，哪怕坏了也没事。"

哥哥将直尺放到桌子上，让它的一段伸出桌外。

"碰一下伸到桌外的那一端，很容易就能将它弯下去，对吧？现在我用报纸将桌子上的那一段直尺盖住，你再试一下。"他将报纸在桌上铺开，小心地将它抚平，然后用它盖住直尺。

"你去拿一根木棍，然后用力敲打伸出桌外的那一段直尺。一定要用力打！"

"那直尺会把报纸掀到天花板上去的！"我大声喊道并举起了手。

"重要的是要用全力。"

结果出乎意料："啪"的一声，直尺断了，而报纸则在桌子上纹丝未动，依然盖着那一段直尺。

哥哥狡猾地问道："报纸是不是比你想的要重？"

我疑惑地将视线从折断的直尺转向报纸。

"这是电学实验吗？"

"是实验，只是不是电学实验，那个我们后面再做。我想告诉你的是，报纸的确可以用作物理实验的仪器。"

"但它为什么没有被直尺掀起来呢？我的确很容易就能把它从桌子上提起。"

"这就是实验的关键。空气会对报纸施加不小的压力：每平方厘米的报纸承受压力达 1 千克。当敲击直尺伸出桌外的那一端时，它的另一端会自下而上向报纸施加压力，因而报纸会被掀起。如果慢点做的话，空气会钻进被掀起的报纸的下方，对报纸产生一个向上的压力并平衡掉报纸上方空气对其施加的压力。但你敲击的速度非常快，导致空气来不及进入报纸下方，当报纸的中间部分被掀起时，它的边缘仍紧贴在桌子上。所以你要掀起的不只是一张报纸，还有压在报纸上的空气。简而言之，报纸的面积有多少平方厘米，你就需要用直尺撬起多少千克的重量。如果这张报纸为边长 4 厘米的正方形，则它的面积为 16 平方厘米，那么空气对它施加的压力则为 16 千克。但实验中所使用的那张报纸的面积要大得多，约 50 平方厘米，这意味着需要撬起约 50 千克的重量。直尺无法承受如此大的重量，所以就会断裂。你现在相信用报纸也可以做实验了吧？等天黑了，我们就来做电学实验。"

手指上的火花——顺从的木棍——山里的电

哥哥一手拿一把刷子，另一只手将报纸按在烘热的炉壁上，然后用刷子将报纸刷开，就像裱糊工人展平墙纸，让它粘牢一样。

"瞧！"哥哥说道，并将手从报纸上拿开。

我以为报纸会滑落到地上，但是并没有发生，报纸神奇地挂在光滑的瓷砖上，就像粘住了一样。

"是怎么挂住的？"我问道，"明明没有给它涂胶水啊。"

"是电让报纸挂住的。它现在带电并被吸在了炉壁上。"

"你为什么没有告诉我，书包里的报纸是带电的？"

"它之前并不带电，我是当着你的面用刷子刷它才让它带电的，因为摩擦生电。"

"也就是说，这就是电学实验吗？"

"是的，我们才刚开始……你把灯关了。"

在一片漆黑里，我只能隐隐约约看到哥哥的身影以及白色壁炉上灰色的斑点。

"现在看我的手。"

我更多的是猜，而不是看哥哥在做什么。他将报纸从炉壁上揭开，用一只手托住，另一只手五指张开靠近报纸。

此时我几乎不敢相信自己的眼睛，从哥哥的手指上迸发出了蓝白色的火花！

少年知道

"这些火花是电火花，你想试试吗？"

我连忙把手藏到身后。绝不！

哥哥再次把报纸贴在炉壁上，用刷子刷了刷，然后长长的火花又从他的手指上迸发了出来。我发现他的手指根本没有接触到报纸，距离报纸大约有10厘米。

"试一下吧，不要怕，一点儿也不疼。把手给我。"他握住我的手，把我带到炉壁边，"把手指张开！……可以了！怎么样，疼不疼？"

我还是没明白蓝色火花是怎样从我的手指中迸发出来的。透过火花的光，我发现哥哥只将报纸从炉子上揭下一半，它的另一半仍像是被粘住了一样。在火花迸发出来的同时，我有轻微的针刺感，但一点儿也不疼。确实没有什么可怕的。

"再来一次吧！"现在轮到我求哥哥了。

哥哥将报纸贴在壁炉上，然后直接用手掌摩擦它。

"你在干什么？忘记用刷子了！"

"都一样。你准备好！"

"你是用手摩擦的，而不是用刷子。这肯定不行！"

"当没有刷子时，也可以用干燥的手，只要摩擦就可以。"的确，这一次和之前一样，从我的手指上也迸发出了火花。

在我又试过几次后，哥哥对我说：

"嗯，够了。现在我让你看看电流，就跟哥伦布和麦哲伦在轮船桅杆的顶端看到的东西一样……把剪刀递给我。"

哥哥在黑暗中将张开的剪刀靠近与壁炉半分离的报纸。我以为会有火花，看到的却是一些新的东西：剪刀的顶端射出一束束蓝红色的光，虽然剪刀与报纸的距离还很远。同时还传来了轻微持久的嘶嘶声。

"这也是火花，只不过要大得多，水手们经常能在桅杆和帆桁的顶端见到，它们被称为'圣艾尔摩之火'。"

"它们在那里是怎么产生的呢？"

"你是想问桅杆上方的报纸是谁在拿着的吗？那里当然没有报纸，但是有低垂带电的云，它代替了报纸。但是你不要以为这种现象只会出现在海上，它在陆地上，特别是在山区也能见到。尤利乌斯·恺撒曾讲过，在一个多云天的夜里，他的一名士兵的矛尖也曾迸射出过这样的火花。水手和士兵并不害怕电火花，相反，他们认为这是吉兆，当然，这并没有科学依据。而山区经常出现电火花出现在人身上的情况，头发、帽子、耳朵……在身体一切突出的部位都有可能出现电火花。同时还经常能听见嘶嘶声，就跟实验中剪刀发出的声音一样。"

"这种火花烧在身上会很疼吗？"

"一点儿也不疼。其实它不是火，是光，是冷光。它是如此之冷，完全不会造成伤害，甚至连火柴都点不燃。

"看，我们可以把剪刀换成火柴，你会发现火柴头会被电火花包裹，但它并不会被点燃。"

"在我看来，火柴的确在燃烧，火苗直接从火柴头上冒了出来。"

"你把灯打开，再仔细看看。"

我发现火柴不仅没有被烧焦，甚至连火柴头都没有被点燃。这意味着火柴的确是被冷光包裹，而不是被火包裹。

"不要关灯。下一个实验我们要在灯下进行。"哥哥将椅子挪到房间中央并将一根木棍横放在椅背上。在尝试过几次后，他终于让木棍靠一个点支撑平躺在椅背上而没有掉下来。

我说："木棍这么长竟然还能保持平衡？"

"就是因为长才能保持平衡，如果它很短，比如像铅笔一样，就无法保持平衡了。"

我应道："铅笔无论如何也不行。"

"现在开始吧。你可以在不触碰木棍的情况下让它转向你吗？"

我想了想，说道："如果在木棍的一端套上绳子……"

"没有绳子，不能与木棍有任何接触。你可以吗？"

"啊，我知道了！"

我把脸靠近木棍并开始用嘴吸气，想将木棍吸向自己，但木棍一动不动。

"怎么样？"

"不行。这根本不可能！"

"不可能吗？让我们来看看。"

哥哥把刚才粘在壁炉瓷砖上的报纸揭下来，然后让它慢慢地靠近木棍。在距离大约半米的时候，木棍感受到了带电的报纸的吸引力，并转向报纸的方向。哥哥利用报纸让木棍跟着他在椅背上转圈，一会儿朝这个方向转，一会儿朝那个方向转。

"你看，带电的报纸对木棍具有非常大的引力，能够将它带动，直到所有的电从报纸上流入空气。"

"可惜，这个实验不能在夏天做，因为壁炉在夏天是凉的。"

"在这里，壁炉是用来烘干报纸的，这些实验只有用完全干燥的报纸才能成功。

"你可能已经注意到了，报纸会从空气中吸收水分，所以总是有一点湿润，需要将它烘干。你不要以为这些实验在夏天就不能做了。

"也可以做，只是效果没有冬天好。因为冬天在有暖气的房间里，空气要比夏天干燥。而干燥对于这些实验非常重要。夏天可以把报纸放到炉灶上进行烘干，在刚做完饭时炉灶还是热的，同时又不至于把报纸点燃。将烘干的报纸铺到干燥的桌面上并用刷子使劲刷它，这样报纸也会带电，但不如在壁炉上那么强……好了，今天就到这里吧。明天我们再做新实验。"

"明天也是做电学实验吗？"

"是的，而且也是用报纸来做。我建议你读一下法国著名自然科学家索绪尔在山里遇到'圣艾尔摩之火'的有趣故事。1867 年，他和几名同伴一起登上了海拔超过3 000米的萨尔勒山，故事讲的就是他们在那里的所见所闻。"

哥哥从书架上取下一本名为《大气》的书，翻到其中一页让我看。

　　登顶后，大家把包着铁皮的木棍放在了山岩上并准备吃饭。此时，索绪尔感觉肩上和背上一阵刺痛，就像被细针扎了一样。他回忆道，"我以为是有大头针扎进了我的亚麻披风，所以就把它脱了下来，但疼痛并没有减轻，相反更厉害了，它从一边肩膀传至另一边肩膀，遍及整个后背，还伴有发痒和刺痛，就像有只黄蜂在皮肤上爬并用它的针扎你一样。我急忙脱下外套，但还是没找到扎人的东西。疼痛还在继续，感觉像是灼伤。我一惊，以为自己的毛衣烧着了。我正准备脱衣服，突然一阵类似蜂鸣的嗡嗡声引起了我的注意。这个声音来自我们放在山岩上的木棍，就跟水被加热马上要沸腾发出的声音一样。这一切持续了大约5分钟。

　　"此时我明白了，疼痛感是由山上的电流造成的。因为白天的光线太强，我在木棍上没有看见任何亮光。无论将木棍竖直拿在手里，把有铁尖的那一头向上、向下或是平放，它都会发出刺耳的声音。只有在放到地上的时候，木棍才不会发出声音。

　　"几分钟后，我感觉自己的头发和胡子都翘了起来，就像有人在用干燥的剃须刀刮我的脸一样。一个年轻的同伴发出了尖叫，他的胡子也翘了起来，同时从耳朵上端射出了强烈的电流。我抬起手，感觉电流从手指射了出去。总之，木棍、衣服以及耳朵、头发、身体的所有突出部位都在放电。

　　"我们匆忙离开山顶，往下走了大约100米。我们越往山下走，木棍发出的声音就越微弱，最后声音小到只有将耳朵贴近木棍才能听见。"

少年知道

这就是索绪尔的故事。在这本书中，我还读到了其他有关"圣艾尔摩之火"的故事。

当天空低云密布，如果云层与山顶的距离非常近，经常能看到凸起的山岩发出电流。

1863年7月10日，华生和几名游客一起去攀登瑞士的少女峰。早上的天气很好，但当他们接近峰顶时，遭遇了强风，同时还夹杂着冰雹。一声巨大的雷鸣过后，华生很快就听到木棍发出了嘶嘶声，就像水壶烧开的声音。人们停了下来，发现他们的登山杖和斧头也发出了相同的声音。它们不断发出响声，直到把它们的一头插到地上。有一名向导摘下了自己的帽子，他感觉自己的头在燃烧，吓得大叫起来。的确，他的头发都立了起来，就像带电了一样。所有人的脸和身体的其他部位都感觉到痒。华生的头发完全立了起来。当手指在空气中稍微动一下，指尖就会发出嘶嘶的电流声。

纸人跳舞——纸做的蛇——
头发竖立

哥哥没有食言。第二天天一黑，他又重新开始做起了实验。第一件事就是将报纸"粘"在壁炉上。然后他向我要了一张比报纸稍厚的书写纸，并用它剪成不同姿势的纸人。

"过一会儿这些纸人将会跳舞。给我拿一些大头针过来。"

很快每个纸人的脚上都钉上了一枚大头针。

他将报纸从炉壁上揭了下来，双手水平托住它，从上方靠近装有纸人的托盘。

"起来吧！"哥哥命令道。

然后纸人就听话地站了起来并向上竖起，当哥哥把报纸拿远，它们又都躺了回去。但哥哥并不给它们长时间休息的机会，他把报纸一会儿拿近一会儿拿远，让纸人一会儿站起一会儿躺下，如图 59 所示。

图 59

"如果我不用大头针将它们钉住，它们就会猛地向报纸跳起并和它粘在一起。你看，"哥哥拔掉了几枚大头针，"纸人完全贴在了报纸上而且不会掉落。这其实就是静电引力。现在我们来做一个与静电斥力有关的实验……你把剪刀放哪儿啦？"

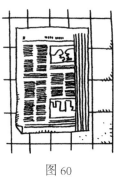

图 60

我把剪刀递给了他。哥哥把报纸"贴"在炉壁上，然后从报纸的边缘起，自下而上剪出一条细长的纸带，但没有彻底把它剪断，在上面还留了一点。他用相同的方法又剪了几条纸带，大约有六七条的样子，把整张报纸都剪成一条条的。由此就得到了纸须，但它并没有如我所想的那样从壁炉上滑落，而是继续贴在上面，如图 60 所示。哥哥用手按住上面，用刷子顺着纸带刷了几次，然后将整个纸须从炉壁上揭了下来，伸出一只手去捏住纸须的上端，如图 61 所示。

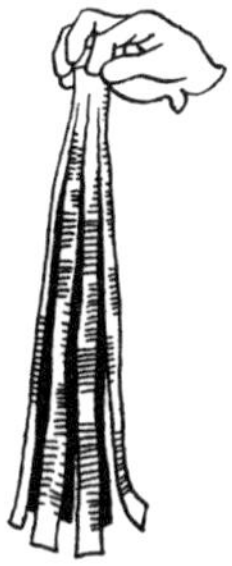

图 61

此时纸带不是自然下垂，而是像钟一样散开，明显地相互排斥。

哥哥解释道："它们相互排斥是因为带了同极的电。对于那些完全不带电的物体，它们会被吸引。你把手从下面伸进去，纸带就会被手吸引。"

我坐下来，将手放到纸带中间。我本想把手伸进去，但没有成功，因为纸带像蛇一样缠在我的手上。

"看到这些蛇你不害怕吗？"哥哥问道。

"不怕，因为它们都是纸做的。"

"但我怕。我让你见识一下它们有多可怕！"

哥哥把报纸举过自己的头顶，我看见他的头发一下就立了起来。

"这是实验吗？你说，这也是在做实验吗？"

"这就是我们刚才做的那个实验，只不过换了一种方式。报纸让我的头发带上了电，所以头发就会被它吸引，同时头发之间又会相互排斥，就像上面实验中的纸带一样。你去拿一面镜子，我让你看看自己的头发是如何立起来的。"

"不疼吗？"

"一点儿也不疼。"

我的确没有感觉到丝毫的疼痛，甚至连发痒都没有，却在镜子中清楚地看见自己的头发在报纸的吸引下直挺挺地向上竖起。

之后我们又重复了一遍昨天的实验，然后哥哥就结束了"课程"并答应我明天继续做实验。

微型闪电——水流实验——大力士吹气

第三天晚上，哥哥在开始实验前进行了一些非常奇怪的准备。

他拿了三个玻璃杯，将它们放到壁炉旁进行加热，然后把它们放到桌子上并用托盘从上面盖住，托盘事先也在壁炉旁稍微加热了一下。

"这是在干什么？"我好奇地问道，"毕竟应该是把杯子放在托盘上，而不是把托盘放到杯子上。"

"不要急，我们将做一个小闪电的实验。"

哥哥又开始捣鼓起了"电机"，简单点说，就是将报纸按在壁炉上用刷子刷。在刷了一会儿后，他将报纸对折，然后继续刷。在这之后，他将报纸从壁炉上揭了下来，并迅速把它平铺在托盘上。

"你用手摸一下托盘，不是很凉吧？"

我不疑有诈，漫不经心地把手伸向托盘，然后又猛地收了回来，我感觉手指被什么东西扎了，同时响起了噼啪声。

哥哥笑道："怎么样？你被闪电击中了，听到噼啪的声音了吗？这就是小的雷声。"

"我有感到强烈的刺痛感，但没有看到闪电。"

"当我们在黑暗中再做一次实验，你就能看到它了。"

我坚决地说："但我不愿意再去触碰托盘了。"

"不需要，你用钥匙或汤匙也能引出火花。你不会有任何感觉，而火花会跟之前一样长。我先来，让你的眼睛先适应一下黑暗。"

哥哥把灯关了。

"现在不要说话，看好了！"哥哥的声音从黑暗中传来。

噼啪声响起，同时半根火柴长的明亮的蓝白色火花从托盘边缘和钥匙之间闪过，如图62所示。

图 62

"看到闪电了吗？听到雷声了吗？"哥哥问道。

"不过它们是同时的。而真正的雷声总是比闪电晚。"

"的确。我们总是先看到闪电，然后再听见雷声。但它们是同时发生的，就像我们实验中的噼啪声和火花一样。"

"为什么平时会晚听到雷声呢？"

"你看，闪电是光，光线的传播速度非常快，瞬间就能传到地球。而雷声是爆炸声，它在空气中的传播速度没有那么快，它会大大晚于光线传到我们这里。因此我们会先看到闪电，然后再听到雷声。"

哥哥看我已经适应这种黑暗的环境了，于是就把钥匙递给我，拿走报纸，让我去托盘那儿引出"闪电"。

"不用报纸也会有火花吗？"

"你试试。"

我还没把钥匙拿到托盘的边缘，就看到了火花，又亮又长。

哥哥重新把报纸铺在托盘上，我再一次引出了火花，但这一次火花比刚才弱了一些。哥哥将报纸在托盘上拿起、放下了数十次（没有把它放到炉壁上重新摩擦），每一次我都能引出火花，只是火花越来越弱。

少年知道

99

"如果我不是用手直接拿报纸，而是用丝线或丝带，火花持续的时间会更长。你在学习物理后就会明白这其中的缘由。现在你还只是在用眼睛看这些实验，而不是用脑子看。接下来还有一个实验，它与水流有关。做这个实验，我们要到厨房去，在水龙头边完成。而报纸就先放在壁炉边烤着吧。"

我们从水龙头放出一股细小的水流，它打在水槽底部，发出很响的声音。

"现在我要在不触碰这股水流的情况下，改变它的方向。你想让它往哪边偏：向右、向左还是向前？"

"向左。"我不假思索地答道。

"好。你不要碰水龙头，我去把报纸拿过来。"

哥哥拿着报纸回到了厨房，他努力将手伸出，让报纸远离身体，从而减少电的流失。他从左边把报纸靠近水流，我清楚地看到水流向左弯曲。哥哥又将报纸移到右边，而水流也偏向了右边。最后，他将水流引向前方，甚至远到让水喷到了水槽外。

"看，电的引力非常大。而且这个实验做起来很简单，如果没有壁炉或炉灶，可以用普通的橡胶梳子代替报纸，就像这种。"哥哥从侧衣兜里掏出一把梳子并用它顺着自己浓密的头发梳了起来，"这样我就让梳子带上了电。"

"但你的头发没有电呀？"

"当然。这就是普通头发，跟你和其他人的头发一样。但是如果用橡胶梳子摩擦头发，它就会带电，就像用刷毛刷报纸一样。看！"

当梳子靠近水流时，水流明显偏向了一边。

"对于其他实验，梳子就不适用了，因为它带的电太少了，比用普通报纸就能轻松造出的'电机'所带的电要少得多。我想用报纸再做最后一个实验，但这次不是电学实验，而是与空气压力有关的实验，就跟我们之前做的用直尺掀起报纸的实验一样。"

我们回到了房间。哥哥开始剪报纸并把它们粘成一个长长的纸袋。

"趁着等纸袋变干，你去搬几本又厚又重的书过来。"

我在书架上找了三本厚厚的医学图册，并将它们放到桌子上。

"你能用嘴把这个纸袋吹得鼓起来吗？"哥哥问道。

"当然。"我说。

"非常容易，对不对？但如果把这几本书压在纸袋上又如何呢？"

"呃，那不管用多大的力，纸袋都不会被吹得鼓起来。"

哥哥默默地把纸袋放到桌子边缘，用一本书将它压住，然后在平放的书上面又立着放了一本书，如图63所示。

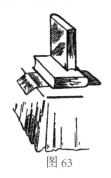

图 63

"现在你看我是如何把纸袋吹鼓的。"

"你是要把这些书吹掉吗？"我笑着问道。

"正是如此！"

哥哥开始向袋子里吹气。你们猜怎么着？纸袋在充气后导致下面那本书变得倾斜，进而将上面那本书弄翻，如图64所示。这两本书可是有5千克重呀！

图 64

还没等我回过神来，哥哥已经准备再做一次实验。这一次他将三本书全压在了纸袋上，然后用力地吹了一口气，结果三本书都被掀翻了。

最令人惊讶的是，这个实验并非看起来那么非比寻常。当我鼓起勇气去做实验时，我也像哥哥一样，轻松地把书掀翻了。不需要有如大象一般的肺，也不需要有大力士般的肌肉，一切都自然而然地发生了，几乎没费什么力。

随后哥哥向我解释了这是怎么回事。当我们向纸袋内吹气时，吹进里面的空气比外面空气的压力大，否则纸袋就不会鼓起来。外面空气的压力约为 1 千克 / 平方厘米。通过估算，很容易就能算出压在书下的纸有多少平方厘米，即使纸袋内外的压强差为 1/10，即每平方厘米只有 100 克，那么空气从内而外对纸袋被书压住的部分施加的压力约为 10 千克，这么大的一个力足以掀翻压在纸袋上的书。

到这里，我们有关报纸的实验就都结束了。

$$v_t^2 - v_0^2 = 2gh$$

$$W = F s \cos \alpha$$

$$v_t^2 - v_0^2 = 2gh$$

◇第三章◇

$$W = F s \cos \alpha$$

其他常见的物理问题

$$h = \frac{gt^2}{2}$$

$$\frac{Gm_1 m_2}{r^2} = F$$

站在称重台上往下蹲会怎样？

当一个人站在称重台上，此时称重台保持平衡。但当他往下蹲时，称重台会向上还是向下运动？

答案是，称重台会向上运动。为什么呢？因为当我们下蹲时，将身体往下拉的肌肉会把我们的腿往上拉，因此身体对称重台施加的压力会减小，所以它会向上运动。

滑轮上的重物

假设一个人可以将100千克重的物体从地上提起，为了提起更重的物体，他在天花板上安装了一个滑轮，然后将绳子穿过滑轮系在重物上，那借助滑轮，他能提起多重的物体呢？

借助滑轮并不能提起更重的物体，甚至比直接用手提的更少。当拉动穿过滑轮的绳子时，只能提起不超过身体重量的物体。如果体重不到100千克，那么就无法借助滑轮提起那么重的物体。

哪一把耙子耙得更深？

人们经常将重力和压力混淆，但它们完全是两码事。有的物体重力很大，产生的压力却非常小。相反，有的物体重力很小，产生的压力却非常大。

通过下面这个例子，你们可以明白重力和压力的区别，同时能够了解如何计算物体对其支撑物所施加的压力。

地里有两把构造相同的耙子：一把有 20 个耙齿，另一把有 60 个耙齿。加上重物，第一把耙子重 60 千克，第二把耙子重 120 千克。

哪一把耙子耙得更深？

很容易就能明白，承受压力更大的耙齿耙地应该更深。第一把耙子 60 千克的总负荷分布在 20 个耙齿上，平均每个耙齿的负荷为 3 千克。同理，第二把耙子平均每个耙齿的负荷为 2 千克。这就意味着，虽然第二把耙子比第一把更重，但它耙地要更浅一些。从单个耙齿所受的压力看，第一把耙子要比第二把大。

酸白菜

我们再来看另一个简单的压力计算。

两个装着酸白菜的桶，桶上盖着木盖，木盖上压着石头。其中一个桶盖直径为 24 厘米，上面压的石头重 10 千克；另一个桶盖直径为 32 厘米，上面压的石头重 16 千克。

哪个桶里的白菜受到的压力更大？显然，每平方厘米的面积所承受重量更大的那个桶的压力更大。在第一个桶中，10 千克的重量的受力面积为 $3.14 \times 12 \times 12 \approx 452$ 平方厘米，1 平方厘米所承受的重量为 10 000/452，约为 22 克。在第二个桶中，1 平方厘米所承受的重量为 16 000/804，小于 20 克。所以，第一个桶中的白菜所受的压力更大。

读者可扫描二维码
获得少年爱问音频互动问答

马和拖拉机

重型履带式拖拉机在泥泞的地上能够平稳行驶，而人和马在这样的地上行走时却常常被陷住脚。对很多人来说这似乎难以理解，毕竟拖拉机比马和人要重得多，为什么马的腿会陷在松软的土中，而拖拉机却不会呢？

要弄明白这是怎么一回事，需要回想一下重力和压力的区别。

陷得更深的不是重量更大的物体，而是让支撑物每平方厘米面积的负荷更大的物体。虽然履带式拖拉机很重，但它的重量被大面积的履带分摊。所以，拖拉机每平方厘米履带表面积上所受的压力大约只有 100 克。而马的重量分布在它的四蹄上，每平方厘米所受的压力超过 1 000 克，约为拖拉机的 10 倍，所以马比重型履带式拖拉机陷得更深也就不足为奇了。你们很多人也许见过，为了让马能在松软泥泞的道路上行走，人们会给马穿上大号"鞋子"，这增加了马蹄的受力面积，从而让它陷得没那么深。

在冰面上爬行

如果河里或湖里的冰冻得还不是太牢，有经验的人在冰上移动的时候不会走，而是爬行，他们为什么这么做呢？

当人躺下时，他的重量不会变，但受力面积会增加，从而每平方厘米面积的负荷会减小。换句话说，人对支撑物的压力会减小。

现在就明白了，为什么在薄冰上爬行会更安全，因为这减小了对冰的压力。有时人们在薄冰上移动时，还会用一块宽宽的木板，然后趴在上面。

那么冰能承受多重的物体而保持不碎呢？冰能承受的重量当然是取决于冰的厚度。4厘米厚的冰能够承受一个直立行走的人的重量。

那么要想滑冰，冰的厚度需要达到10~12厘米。

在平衡杆的两端装上相同重量的圆球，如图 65 所示，在杆的正中间钻一个孔，将一根木签从孔中穿过去。如果让杆绕木签转动，它在转几圈后就会停下来。

你们能不能提前告诉我，平衡杆会停在什么位置？

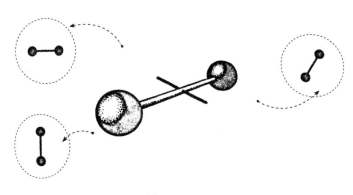

图 65

如果有人认为平衡杆一定会停在水平位置那就错了。它可能在任何位置保持平衡，水平、垂直或是倾斜都有可能，因为它的重心在支撑点上。所有物体，只要重心在支撑点或悬挂点上，都有可能在任何位置保持平衡。

所以提前说出平衡杆在旋转后会停在什么位置是不可能的。

少年
知道

在车厢里跳跃

　　火车以 36 千米 / 小时的速度行驶，假设你们在这列火车上跳起，而且在空中停留了一整秒的时间（这只是假设，因为跳起的高度需要超过 1 米），那么当你们落地时，是否会落在原地呢？如果不是在原地，那么是会落在前面还是后面呢？

　　答案是，大家都会落在之前跳起的位置。你们不要以为，当人在悬空时，地板会随火车车厢往前并超过它。当然，火车会向前行驶，但人在跳起时因为惯性也会向前运动，而且速度与火车行驶的速度一样：人总是会保持在他所跳起位置的上方。

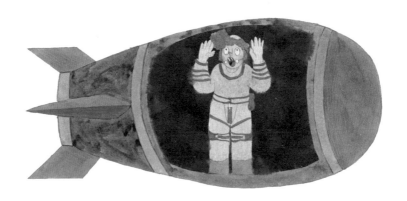

在轮船上抛球

在航行的轮船的甲板上，有两个人抛球。一个人站在船尾，另一个人站在船首，谁更容易把球抛给对方？

如果轮船沿直线匀速航行，那么两个人在把球抛给对方时是同样轻松，与轮船停下不动时一样。不要以为，站在船首的人与抛出的球越来越远，而站在船尾的人则越来越近。因为惯性，球会获得一个与轮船相同的速度，而抛球的人的速度也与轮船相同，所以轮船的运动（匀速直线运动）不会让任何一个抛球的人比另一个人更有优势。

旗子

气球被风吹向北方，此时气球吊篮上的旗子会飘向哪个方向呢？

气球在被风吹动时与周围的空气保持相对静止，所以旗子不会飘向任何方向，而是会低垂，就像在无风天一样。

高空气球会往哪个方向运动？

高空气球一动不动地飘在空中，一个人从吊篮里爬出并开始顺着绳索往上爬。

此时气球是会向上还是向下运动呢？

它会向下运动，因为当人沿着绳索往上爬时，会把绳索和气球一起往下拽。人在静止的船上行走时也一样，人在往前走时船会后退。

走路和跑步

走路和跑步的区别是什么？

在回答这个问题之前，你们要记住，跑步的速度可能会比走路慢，而且有时跑步还会原地不动。

走路和跑步的区别不在于运动的速度。在走路时，我们的身体总是利用脚的某一点与地面接触。而在跑步时，我们的身体有时会完全脱离地面，身体的任何一点都不会与它接触。

在河上划船

一艘小船沿河划行，船的旁边漂着一块木片。那么对于划船的人来说，超过木片 10 米或与它保持距离，哪一个更容易呢？

即使是从事水上运动的人，在回答这个问题时也常常会答错，他们认为逆流划船要比顺流划船更难，所以超过木片要比与它保持距离更容易。

当然，如果以岸上的某个点为参照，逆流划船的确比顺流划船更难。但是，

少年
知
道

如果你们目标点与河上的木片一样，与你们一起划行，情况就会大不相同。

需要记住的是，顺水漂流的船与水是相对静止的。坐在这样的船上划桨，就跟在静止的湖水中划桨一样。在湖里，朝任何方向划桨都一样轻松，而在上述条件下也是一样。

所以，无论是想超过木片还是与它保持距离，对于划船的人来说都是一样的。

水 面 的 波 纹

将一块石头扔进静止的水里，水面会泛起圆形的波纹。

如果将石头扔进流动的河流里，水面的波纹又会是什么形状呢？

如果没有找到解决这个问题的正确方法，很容易就会混淆并得出错误的结论：在流水中，泛起的波纹应该是椭圆形，而且椭圆的短轴在水流的方向上。但是在仔细观察将石头扔进河流所泛起的波纹后，我们会发现，无论水流的速度有多快，波纹都是圆形的。

只需简单地推理，我们就可以得出结论，无论是在静止的水中，还是流动的水中，石头泛起的波纹都应该是圆形的。波动的水分子的运动由两个运动合成：一个是自波动中心向外的辐射运动，另一个是与水流同向的运动。一个物体如果参与多个运动，那么在经过一段时间的运动后，它的最终状态，与依次完成这些运动的结果应该是相同的。

因此，我们首先假设石头被扔在了静止的水中，在这种情况下所泛起的波纹当然是圆形的。

现在我们可以想象一下，无论水流的速度是快是慢，无论是匀速流动还是非匀速流动，它都是一个向前的运动。这对圆形波纹有什么影响呢？它们将平移，但形状不会有任何变化。

下垂的绳子

想要绳子不下垂，需要用多大的力去拉它？

无论用多大的力去拉绳子，它都会下垂。导致下垂的重力是垂直的，而对绳索施加的拉力却不在垂直方向上，这两个力是无论如何也不会抵消的，也就是说它们的合力不可能为零，而这个合力就会导致绳子下垂。

无论用多大的力都无法将绳子完全拉直（只有垂直拉绳子时例外）。绳子下垂不可避免，但我们可以将下垂减小到需要的程度。因此，只要不是垂直地拉，任何一根绳子或皮带都会下垂。

顺便说一句，因为同样的原因，也无法将吊床的绳子拉成水平。床垫里绷紧的铁丝网在人躺上去后，也会因人的重量而下垂。而吊床绳索的拉力要小得多，所以当人躺上去后，它就会耷拉下来变成袋状。

瓶子应该朝哪儿扔？

在行驶的火车上往外扔瓶子，应该往哪一个方向扔才能使瓶子在落到地面时摔碎的可能性最低？

既然从行驶中的火车往下跳时，顺着行进的方向往前跳会更安全，那么也可以认为，将瓶子往前扔，它受到的冲击力会最小。这种观点是错误的，扔东西应该逆着火车行进的方向往后扔。此时，瓶子在被扔出时所得到的速度会抵消因为惯性而得到的速度，因而落到地面时的速度会最小。当往前扔瓶子时则相反，速度会叠加，瓶子受到的冲击力会更大。

但对于人来说，往前跳还是要比往后跳更安全，这是因为我们在往前跳时摔得比往后跳时轻。

不会被水带出的软木塞

在装有水的玻璃瓶里掉进了一个软木塞。软木塞很小，足以从瓶口自由穿过。但无论你们如何倾斜或翻转玻璃瓶，流出的水都无法将它带出。只有当玻璃瓶的水即将被倒空时，软木塞才会随着最后一股水流出瓶外。为什么会这样呢？

水不能把软木塞带出来的原因很简单：软木塞比水轻，所以总是会浮在水面上。几乎要将所有的水倒掉，软木塞才能到达瓶口的位置。因此软木塞要随着最后一股水才能从瓶里流出来。

春汛

在春汛时，河面会凸起，中间的水面比两岸的水面高。如果此时河面上漂浮着木材，它们就会漂向岸边，河流中央会被空出。相反，在枯水期，即水位较低时，河面会下凹，中间的水面比两岸的水面低，此时漂浮的木材就会聚集在河流中央。

为什么在春汛时河面会凸起，而在枯水期时水面会下凹呢？

少年知道

这是因为河流中央的水总是流得比河岸附近的水快，水与岸摩擦减慢了水的流速。在春汛时，水从上游流下来，河流中央的水要比河岸附近的水更快到达，因为河流中央水流的速度更快。所以河流中央会积聚更多的水，因而河面就会凸起。而在枯水期时，由于河流中央的水流速度更快，从那里流走的水会比河岸附近多，所以河面就会下凹。

房内的空气有多重？

你们能大概说一下，一个小房间里的空气有多重吗？是几克还是几千克？这个重量是用一根手指就能轻松托起，还是要费很大的劲才能用肩扛起？

现在应该没有人会像古人那样，认为空气没有任何重量了吧。但即使在现在，很多人也无法说出空气有多重。

记住，夏天在地面附近（不是在山区），1升热空气的重量大概是1.2克。1立方米有1 000升，因此1立方米的空气的重量为1.2×1 000克，即1.2千克。

现在你们应该已经很容易就能算出房间里空气的重量。为此只需知道房间的体积有多少立方米。如果房间的面积为15平方米，高度为3米，则房间内共有15×3=45立方米空气，它的重量为45×1.2克，即54千克。如此重量用一根手指肯定无法托起，即使用肩扛也不是那么容易的。

气球的命运

　　小朋友们玩的气球从手上滑脱后会飞走，那它会飞向何处呢？它又能飞多高呢？

　　气球从手上滑脱后，并不会飞到大气层外面去，而只会飞到自己的"最高限度"，达到这个高度后，由于空气非常稀薄，气球的重量正好与被它所挤开空气的重量相等。但它并不总是能达到这个高度，因为在气球上升的过程中，外面空气的压力会减小，因此气球会不断膨胀，在达到"最高限度"之前就有可能由内而外发生爆炸。

关于汽车轮胎的问题

汽车的车轮向右滚动，它的轮辋则按顺时针方向转动，问题是：此时橡胶轮胎中的空气是逆着车轮滚动的方向运动还是顺着它滚动的方向运动？

答案是，轮胎中的空气会从被挤压的位置向前后两个方向运动。

铁轨之间留空隙有什么用？

人们总是会在铁轨之间留一点空隙，这就是接头缝。这些空隙是故意留的。如果不留接缝，将铁轨一根一根紧挨着铺设的话，铁轨很快就会无法使用。这是因为，所有的物体在受热后都会向各个方向膨胀。在夏季，铁轨会因太阳受热而变长，如果不给铁轨变长留够空间，铁轨在接头处就会相互用力挤压，它们会向侧面弯曲，挣脱用于固定铁轨的道钉并使铁路遭到破坏。

在设计接头缝的时候也考虑到了冬季。在冬季，铁轨会受冷收缩，变得更短，这会使接缝变长。所以，在设计接缝时是经过计算的，要与铁路沿线地区的气候相适应。

利用物体受冷收缩特性的一个显著例子是，在将货车轮胎的铁轮毂套在轮辋上时要将其烧热。当轮毂冷却后会变小，这样就能紧紧地套在轮辋上。

喝茶的杯子与喝汽水的杯子

你们可能已经注意到了，用来喝冷饮的杯子的杯底常常很厚。显然，这么做是为了让杯子更稳，不容易被打翻。那为什么不用同样的杯子来喝茶呢？毕竟在喝茶时杯子不容易打翻也是很好的。

厚底的杯子不能用来喝热饮是因为这种杯子的杯壁要比厚的杯底受热并膨胀得更厉害。这种杯子不适合用来喝茶，因为它会破裂。杯子越薄，杯壁和杯底的厚度差就越小，杯子受热就越均衡，也就越不容易破裂。

茶壶盖上的小洞

茶壶盖上总是会有一个小洞，它的用途是什么呢？它是用来排出茶壶里的水蒸气，否则它会将盖子从茶壶顶开。但盖子在受热后会膨胀，此时小洞又会有什么变化呢？它是会变小还是变大？

在盖子受热后，它上面的小洞会变大。一般来说，茶壶盖上的孔以及茶壶盖与茶壶之间的空隙在受热后变大的量与其周围相同大小的材料受热后膨胀的量相同。因此，器皿在受热后的容积会增加，而不是减少。

烟

在无风天气下，烟为什么会从烟囱往上冒？

烟会从烟囱往上冒是因为烟囱里的空气受热后会膨胀，将烟带出烟囱，而热空气要比烟囱周围的空气轻，所以会带着烟往上冒。当支撑烟雾颗粒的空气冷却后，烟就会往下落并掉在地上。

冬天应该如何封堵窗框？

冬天将内窗框封好能够保暖，但是要想封堵好窗框，首先要明白，为什么内窗框能让房间"保暖"呢？

很多人觉得，冬天装内窗框只是因为两扇窗比一扇窗好，这是错误的。问题的关键不在于窗户，而在于窗户之间的空气。

空气的导热性很差，因此，将空气封住可以防止它在流走的同时带走热量，从而让房间保暖。为此需要将空气牢牢堵住。

另一些人认为，冬天在封堵窗框时，外窗框顶部必须留一个空隙，这大错特错。如果这样做的话，窗框之间的空气会被外面的冷空气排挤出去，房间会因此变冷。相反，应该将两个窗框尽可能严实地封堵住，不要留一点空隙。

如果没有密封条，也可以给窗框贴上厚纸条。窗户封堵得越好，取暖的开支就越少。

少年知道

为什么关好的窗户会漏风？

　　我们很奇怪，在寒冷的天气里，关严、封堵好且没有一丝缝隙的窗户总是会漏风。其实这并没有什么可奇怪的。

　　房间里的空气在任何时候都不是静止不动的，房间里的空气在受热和冷却后会产生肉眼不可见的气流。空气在受热后会变得稀薄，因此会变轻；相反，空气在受冷后会更密实，因此会变重。窗户、墙壁附近的空气在受冷后会变重，向下流向地板，而灯或暖炉附近的空气在受热后会变轻，则会被冷空气向上挤压，流向天花板。

　　借助小朋友玩的气球，很容易就能发现房间里的气流。此时，可以在气球上绑一点东西，让它既不会飘到屋顶，又能在空中自由飘浮。在暖炉旁边放飞气球，气流会带着它在房间里穿行：从暖炉开始沿着天花板飞向窗户，然后下落，贴地飞回到暖炉的位置并循环往复。

　　这就是为什么在冬天的时候我们会觉得窗户在漏风，特别是在低处，即使在窗框被封严，外面的空气无法通过缝隙进入房间时也是如此。

如何用冰块冷却饮料？

当你们想用冰来冷却饮料时，你们会把饮料瓶放到哪儿：冰上还是冰下？

很多人不假思索地把饮料瓶放到冰上，就像把装有汤的锅放到火上一样，但这么做的冷却效果并不好。确实，加热应该自下而上，而冷却与之相反，应该自上而下。

你们可以试着思考一下，为什么冷却自上而下比自下而上效果更好。大家都知道，冷的物体比热的物体密度大，因此冷的饮料要比常温饮料的密度更大。当你们把冰放到饮料瓶上方时，瓶中靠近冰的那一部分饮料在冷却后会变重，因此会向下流动，而另一部分没有被冷却的饮料则会向上流动以取代它们的位置，当它们被冰冷却后也会向下流动。在短时间内，瓶中的所有饮料都会与冰接触并被冷却。另一种情况是，你们把饮料放到冰上，而不是冰下。此时，最先被冷却的是最下面的一层饮料，它的密度会变大并留在下方，而不会给还没有被冷却的饮料腾位置。在这种情况下，饮料不会流动，因此冷却的速度会很慢。

不仅是饮料，在对肉、蔬菜和鱼进行冷冻时也应该把它们放到冰下，而不是冰上。毕竟，它们说是被冰冷冻，倒不如说是被冷空气冷冻，而冷空气也是向下流，而不是向上流。如果你们需要用冰来给病人的房间降温，不要把冰放到板凳下面，而是要放到高一点的地方，或是直接把它挂到天花板上。

水蒸气的颜色

你们见过水蒸气吗？你们能说出它的颜色吗？

严格来说，水蒸气是透明的，没有任何颜色。它不能被看见，就像我们不能看见空气一样。那种我们通常称为"蒸汽"的白雾是由细小的水滴组成的，它是水雾，而不是蒸汽。

为什么在水即将沸腾时水壶会"唱歌"？

为什么在水壶里的水即将沸腾时，水壶会像唱歌一样发出声音？在烧水时，靠近壶底的水会变成蒸汽，在水里形成小气泡。由于气泡很轻，它们会被周围的水向上挤压，然后它们就进入了水温低于 100 ℃的水。此时气泡中的蒸汽会受冷收缩，而气泡壁会在周围水的压力下破裂。因此，在水沸腾之前，越来越多的气泡会上升，但它们在还没有到达水面时就会破裂并发出轻微的噼啪声。大量的噼啪声汇集到一起，就形成了我们在水沸腾之前听到的那种声音。

当水壶里的水全部达到沸点后，气泡在从水中穿过时就不会再破裂，而水壶的"歌唱"也会停止。但是一旦水壶开始冷却，它又会重新"唱起歌来"。

这就是为什么水壶只在水沸腾之前或冷却时才会"唱歌",而当水沸腾的时候水壶就不会发出这种声音。

为什么火焰不会自己熄灭?

如果仔细想想燃烧的过程,就会不由自主地想到一个问题:为什么火不会自己熄灭?要知道燃烧的产物是二氧化碳和水蒸气,它们都是不可燃的,也不能助燃。所以,火从燃烧开始就应该被不可燃的物质包围,它们会阻断空气流入,没有空气,燃烧就无法继续,火就应该熄灭。

为什么实际情况不是这样呢?为什么燃烧会一直持续,直到可燃物质被耗尽?这是因为气体受热后会膨胀,从而就会变得更轻。由此燃烧产生的物体不会停在原地,紧邻火的地方,而是会迅速被新鲜空气挤压向上流动。如果阿基米德定律对气体不适用的话(或者重力不存在的话),所有的火稍微燃一会儿,就会自己熄灭。

很容易就能证实,燃烧的产物会对火有什么样的不利影响。你们肯定也经常会用燃烧的产物来灭灯,但没去细想,你们是如何吹灭煤油灯的呢?当你们从上往下吹灯的时候,就是让不可燃的燃烧产物向下流动,这样火就无法接触空气,所以就熄灭了。

少年
知
道

为什么水能浇灭火？

如此简单的一个问题，但人们并不是总能答对。

我们将简单解释一下，在这种情况下水对火的作用，希望读者不要因此埋怨我们。

第一，水在接触到燃烧物后会变为水蒸气，在这过程中会从燃烧物吸收很多热量。想要把一大滴水变为水蒸气，所需的热量是把同等质量的冷水加热到 100 ℃所需热量的 5 倍。

第二，在此过程中所形成的水蒸气的体积是产生它的水的体积的几百倍。这些水蒸气将燃烧物包围后会隔绝氧气，而没有氧气就不能燃烧。

为了增强水的灭火能力，人们有时会在水里掺上火药！这可能看起来会感觉奇怪，但绝对是可行的，火药会迅速燃烧并释放大量的不可燃气体，当这些气体包裹燃烧物就能阻断燃烧。

用冰和开水来加热

是否能用一块冰给另一块冰降温？

是否能用一些开水给另一些开水加热？

如果将温度 -20 ℃的冰，与温度 -5 ℃的冰进行接触，那么第一块冰会变热（变得不如之前冷），而第二块冰则会变冷。

因此，用一块冰给另一块冰降温或加热是完全可能的。

但是（在相同压力下）用一些开水给另一些开水加热却是不行的，因为在相同的压力下，开水的温度都是一样的。

手为什么不会被热鸡蛋烫伤？

为什么从开水里捞出的鸡蛋不会把手烫伤？

从开水里捞出的鸡蛋又湿又烫，但水从鸡蛋滚烫的表面蒸发会让蛋壳变凉，所以手就感觉不到烫。但是这种情况出现在一开始鸡蛋还没有变干的瞬间，当它变干后就会明显感觉到烫。

为什么用熨斗能去除油渍？

用熨斗将油渍从织物上去除的原理是什么？

利用加热来去除衣物上的油渍的原理是随着温度升高，液体的表面张力会降低。"所以，如果油渍各部分的温度不同，油渍就会从温度高的地方流向温度低的地方。在织物的一面放上一块加热的铁块，另一面放上一张棉纸，这样油渍就会流向棉纸"（麦克斯韦《热理论》）。相应地，应该在织物的另一面放上能吸油渍的材料。

从高处能看到多远？

当我们站在平坦的地面上时，只能看到一定界限内地面的情况，这个视线边界被称为"地平线"。位于地平线之外的树木、房屋以及其他较高的物体，我们无法看到它们的全部，只能看到上面部分，它们的下面部分会被凸起的地面挡住。虽然陆地和海洋看似平坦，但它们实际上都是凸起的，是弯曲地表的组成部分。

一个中等身材的人站在平地上能看多远呢？

他只能看到方圆 5 千米以内的东西。为了看得更远，他必须爬得更高一些。骑手在平原上能够看到方圆 6 千米以内的东西；水手在水平面以上 20 米高的桅杆上能够看到周围 16 千米内的海面；在水平面以上 60 米高的灯塔顶上能够看到约 30 千米内的海面。

由此，飞行员能够观察到更远的地面和海洋情况。在没有云雾遮挡的情况下，从 1 千米的高度能够看到方圆 120 千米以内的景象；当高度增加 1 倍时，飞行员利用望远镜可以看到方圆 160 千米以内的景象；而从 10 千米的高度可以看到方圆 380 千米以内的景象。

当苏联的浮空飞行家乘坐"奥索阿维阿希姆 –1"号平流层气球到达 22 千米的高空时，他们能看到方圆 560 千米以内的地面。

少年知道

贝壳里的响声

为什么把茶杯或大贝壳放到耳边的时候会听到响声？

我们将茶杯或大贝壳放到耳边，之所以会听到响声是因为贝壳是一个共鸣器，能对环境中我们通常不能听到的微弱声音进行加强。这种混音听起来就像是大海的轰鸣，由此产生了很多有关贝壳响声的传说。

用望远镜看船

你们站在海边，用望远镜看船，船正驶向岸边。望远镜的放大倍率为 3 倍，在你们看来船驶近的速度会放大多少倍？

为了弄清楚这个问题，我们假设船与观察者的距离为 600 米，向他驶近的速度为 5 米 / 秒。

在放大倍率为 3 倍的望远镜中，600 米远的距离看起来只有 200 米。轮船 1 分钟向观察员靠近 5×60=300 米，此时其与观察员的距离为 300 米，而在望远镜中看起来只有 100 米。

这就意味着，对于观察员来说，通过望远镜观察，船航行了 200-100=100 米，而船真正的航行距离为 300 米。由此很清楚，在望远镜中船驶近的速度不仅没有增加 3 倍，反而减小为实际的 1/3。

你们可以用不同的数据（距离、速度、时间间隔）对这一结论进行验证。

因此，望远镜的放大倍率为几倍，船在望远镜中驶近的速度就会减小为几分之一。

黑色丝绒与白雪

太阳光下的黑色丝绒和月光下的白雪，哪一个更亮？

似乎，没有东西能与黑色丝绒比黑，也没有东西能与白雪比白。但是，这两个长期被作为黑白、暗明范本的物体，如果用光度计来观察，会变得完全不一样。此时，即使最黑的丝绒在太阳光下也要比最白的雪在月光下更亮。

这是因为无论黑色表面有多黑，它都不能完全吸收照射在它上面的可见光线。即使是炭黑和铂黑，我们所知最黑的颜色，对光线的散射率也有 1%~2%。我们以 1% 为例，并假设雪对光线的散射率为 100%（有所夸大）。

众所周知，阳光的亮度是月光的 40 万倍。因此，被黑色丝绒散射的 1% 的阳光与被雪散射的 100% 的月光比起来，前者的亮度是后者的数千倍。换言之，阳光下的黑色丝绒要比月光下的雪亮得多。

当然，这不仅适用于雪，也适用于最好的白色颜料（其中最亮的是锌钡白，其对光线的散射率为 91%）。任何物体表面，如果其没被烧红的话，所散射的光线都会比照射在它上面的光线少，而月光又比阳光弱 40 万倍，因此不会有任何一种白色颜料在月光的照射下会比最黑的颜料在阳光的照射下更亮。

为什么雪是白色的？

为什么雪明明是由透明的冰晶组成，看起来却是白色的？

雪看起来是白色的就跟捣碎的玻璃乃至所有捣碎的透明物体看起来是白色的原因一样。将冰放到研钵里研磨或是用刀在它上面刮，你们就能得到白色的粉末。之所以会是这种颜色，是因为射向细小透明冰颗粒的光线没有穿过它们，而是在小冰颗粒和空气的边界处向内反射（"全内反射"）。无序向各个方向折射光线的表面，肉眼看起来就像是白色的。

也就是说，雪之所以是白色的是因为其分散性。如果将雪花的空隙注满水，雪就会从白色变为透明。这样的实验做起来很简单：如果你们在罐子里装满雪然后再往里倒水，雪就会在你们的注视下从白色变为透明。

将鞋刷亮

为什么刷过鞋油的鞋会闪闪发亮？

无论是黑色的鞋油还是鞋刷似乎都不能发亮，所以刷过鞋油的鞋会闪闪发亮对很多人来说是一个谜。

要想揭开谜底，需要弄明白闪闪发亮的表面与毛面的区别。人们通常以为闪闪发亮的表面是光滑的，而毛面则是粗糙不平的，这是不正确的。其实两种表面都是粗糙不平的，完全光滑的表面是不存在的。如果我们用显微镜观察，光滑的表面看起来就像是用刮胡刀刮过一样。而在 1 000 万倍的显微镜下，经过抛光的表面看起来就像是一座座山丘。无论是毛面还是闪闪发亮的表面，上面都充满了起伏、凹陷和划痕，区别在于它们的大小不同。如果它们比照射在表面的光线的波长短，那么光线就会正常反射，也就是说光线的入射角与反射角相等，此时表面看上去就像镜子一样闪闪发亮，我们称之为抛光表面。如果表面起伏的大小超过了光线的波长，那么照射在它上面的光线就无法正常反射，其入射角与反射角则不会相等，因此光线会发生散射，表面则无法产生镜子般的效果，也不会闪闪发亮，我们将这种表面称为毛面。

顺便说一句，同一表面可能对于一些光线来说是抛光表面，而对于另一些光线来说则是毛面。对于平均波长为 0.000 5 毫米的可见光来说，当表面上的起伏小于该数值时则为抛光表面；对于波长更长的红外光来说，它也是抛光表面；但对于波长短一些的紫外光来说，该表面为毛面。

现在让我们回到之前的那个问题：为什么刷过鞋油的鞋子会闪闪发亮？

少年知道

在没刷鞋油的时候，皮鞋的表面上会有很多起伏的地方，它们的大小比可见光的波长长，所以此时鞋面为毛面。在刷上鞋油后，皮鞋的表面会覆上一层薄薄的膜，它会填平鞋面上起伏不平的地方并将竖起的绒毛压平。在鞋刷的作用下，凸出部位多余的鞋油将凹陷的地方填平，使鞋面上的起伏变得比可见光的波长短，因此毛面就变成了抛光表面并闪闪发亮。

红色信号灯

在铁路上停车的信号灯为什么会选择红色呢？

红色光线的波长最长，相比其他颜色的光线，空气中的悬浮粒子对它的散射作用要更弱一些，因此红色光线要比其他任何颜色的光线都要传播得远。而在交通中能够更远地看见停车信号是首要因素，因为要想成功地让火车停下，司机需要在距离障碍物很远的地方就开始刹车。

大气对长波光线的透光度更高，正是基于此，天文学家使用红外滤光镜来拍摄行星（特别是火星）。在普通照片上不易察觉的细节，在通过红外滤光镜拍摄的照片上会非常清晰。使用红外滤光镜能够拍到行星真正的表面，而普通的镜头只能拍到它的大气层。

选择红色作为停车信号灯的颜色的另一个原因是，相比蓝色或绿色，我们的眼睛对红色更为敏感。

图书在版编目（CIP）数据

趣味物理实验 / (苏) 雅科夫·伊西达洛维奇·别莱
利曼著；王鑫淼译. —— 北京：中国致公出版社, 2022
（少年知道）
ISBN 978-7-5145-1919-8

Ⅰ.①趣… Ⅱ.①雅…②王… Ⅲ.①物理学 – 实验
– 青少年读物 Ⅳ.①O4-33

中国版本图书馆CIP数据核字(2022)第025929号

趣味物理实验/(苏) 雅科夫·伊西达洛维奇·别莱利曼著；王鑫淼译
QUWEI WULI SHIYAN

出　　版	中国致公出版社	
	（北京市朝阳区八里庄西里100号住邦2000大厦1号楼西区21层）	
出　　品	湖北知音动漫有限公司	
	（武汉市东湖路179号）	
发　　行	中国致公出版社（010-66121708）	
作品企划	知音动漫图书·文艺坊	
责任编辑	丁琪德 柳　欣	
责任校对	吕冬钰	
装帧设计	秦　灿	
责任印制	程　磊	
印　　刷	武汉邮科印务有限公司	
版　　次	2022年5月第1版	
印　　次	2022年5月第1次印刷	
开　　本	710mm×1000mm　1/16	
印　　张	9.5	
字　　数	135千字	
书　　号	ISBN 978-7-5145-1919-8	
定　　价	25.00元	

$$v_t^2 - v_0^2 = 2gh$$

$$W = Fs\cos\alpha$$

$$h = \frac{gt^2}{2}$$

$$\frac{Gm_1m_2}{r^2} = F$$

$$W = Fs\cos\alpha$$

$$v_t^2 - v_0^2 = 2gh$$

$$W = Fs\cos\alpha$$

$$h = \frac{gt^2}{2}$$

$$\frac{Gm_1m_2}{r^2} = F$$

少年知道

全世界都是你的课堂

小学生彩绘版/题解版/思维导图版

初中生彩绘版/实验版/思维导图版

中国致公出版社